第2　問題の構成・内容等

1　問題の構成・内容
・　高等学校学習指導要領に準拠するとともに，高等学校学習指導要領解説〈　　　　　〉で使用されている教科書を基礎とし，特定の事項や分野に偏りが生じないように留意する。
　　なお，知識・技能や思考力・判断力・表現力等を新たな場面でも発揮できるかを問うため，教科書等で扱われていない資料等も扱う場合がある。

2　問題の分量・程度
・　問題の分量は，試験時間に応じた適切なものとなるように配慮する。
　　出題教科・科目に選択科目，選択問題がある場合は，選択科目間及び科目内選択問題間の平均得点率に著しい差が生じないように配慮する。

3　問題の表現・体裁
・　障害等のある入学志願者を含め，全ての入学志願者が問題に取り組みやすくなるよう，問いかけの在り方や資料の提示の仕方，レイアウトの工夫等，問題の表現・体裁について配慮する。

4　出題形式
・　多肢選択式又は数値や記号等で解答する形式により出題する。なお，連動型の問題を出題する場合がある。

大学入学共通テストの対策

教科書に載っている知識は大切である

　　大学入学共通テストの問題の半分以上は，教科書に載っている内容の知識や理解を問うものである。教科書を逸脱する知識を問われることはないので，教科書に示されている内容の理解が重要である。本文だけでなく，図や実験にも注意しておきたい。まずは，基本的な内容を正確に理解し，確実に得点できるようにしよう。

実験考察などの問題は過去の問題で練習をしよう

　　大学入学共通テストでは，実験結果から考察させる問題，グラフや表を読み取らせてその解釈をさせたり数値を計算させたりする問題が多くなると予想される。このような問題を短い時間で分析し，結論を導くには，事前に十分な練習が必要である。過去の大学入学共通テスト問題などを利用して，グラフの読み取り方，分析の方法などを着実に習得していこう。

時間配分は重要である

　　過去の大学入学共通テストでは，年度によって問題量が多かったり難易度が高かったりして，解答時間の不足することがあった。問題量が多い場合などの対策も心がけておこう。特に，後半に時間がかかる実験考察問題が多いときなどの対策が重要である。時間不足になり，あせって力を発揮できないことのないようにしよう。

問題集をうまく活用していこう

　　この問題集は，知識の確認，実験考察やグラフ問題および模擬試験問題を用いた時間配分の練習と，大学入学共通テストの対策に必要な要素がすべて含まれている。うまく活用して大学入学共通テストに対応できる力をしっかり身につけていこう。

本書の特徴と使い方

●本書の特徴…なんといっても"問題タイプ別"です！

　本書は，大学入学共通テスト「生物基礎」の対策に特化した問題集です。本番の試験で確実に高得点をとるためには，正確な知識と科学的な思考力の両方が必要となります。そこでキーワードとなるのが**"問題タイプ別"**です。本書では，「生物基礎」の問題を"知識"と"実験"，"考察"，"グラフ"，"計算"の問題タイプに分け，アイコンで示しています。これを意識することで効率よく学習できるばかりでなく，「生物基礎」の問題特有の実験・考察・計算問題に対する考え方や解き方の習得，さらには初見問題に対する心構えもできて，本番の試験での時間の浪費やあせりを防ぐことができます。掲載している問題は，大学入学共通テストの問題を徹底的に分析した結果ピックアップされた良問で，過去の共通テストを中心に，センター試験や国公私立大入試から取り上げたほか，オリジナル問題も含まれています。

　別冊解答は，見やすさ・詳しさの観点に重点を置いていますので，自学自習教材としてもうってつけです。

●本書の構成…知識の習得状況を確認した上で具体的な問題にアプローチ

第1編　知識の確認　　教科書の分野ごとに，問題を解く上で必要な知識の確認をします。

まとめ & チェック

　各分野における重要用語や重要事項を空欄補充形式でまとめました。知識問題を解く上で必要不可欠な事項を取り上げています。知識が確実に定着しているか確認して下さい。

一問一答 正誤 問題

　重要事項に関する文の正誤を判断し，誤っている場合には正しい用語に変更する問いです。よく出題される「…についての記述として最も適当なもの（誤っているもの）を選べ」といった形式の内容正誤問題対策として効果を発揮します。

第2編　実験・考察・計算問題対策　　教科書の分野ごとに攻略します。

例題

　典型的な問題を例示し，考え方や解き方を詳しく解説しています。適宜 ▶Point として解法のポイントを加えました。

演 習 問 題

　過去の共通テストなどから，知識を問う問題，科学的な思考力を必要とする問題を選びました。問題には項目名と標準的な解答時間，問題タイプのアイコンを示しています。

　問題タイプのアイコンは以下の通りです。

　　　：知識　　　：実験　　　：考察　　　：グラフ　　　：計算

第3編　模擬問題　　実力を判断するための模擬問題を2回分用意しています。

●別冊解答…見やすく詳しい解答・解説

見やすさ　　　2色刷を採用し，解答のみの確認もできるよう配色に工夫をしました。

詳しさ　　　選択肢のそれぞれについて解説を加えるなどし，さらに ▶Point として適宜解法のポイントを加えました。

問題タイプ別

実教出版

大学入学共通テスト対策問題集

生物基礎 Biology

目次｜contents

裏表紙の QR コードより，右記のコンテンツをご利用いただけます。

①第1編のグラフ（一部）の解説動画
②第2編演習問題
③第2編演習問題の解説
④第2編演習問題の解説動画

1—1　生物の共通性と多様性

まとめ & チェック｜次の文章や図中の空欄に適語を入れよ。

1 ●—いろいろな生物

●地球上には，名前のつけられている（①　　　　）が約180万（①　）知られているが，熱帯雨林や海洋などのまだ発見されていないものまで含めると，数千万（①　）に及ぶとも考えられている。

●生物には，外見的な違いや生活場所に応じた生活のしかたなど，さまざまな（②　　　　）性がみられる。その一方で，まとめて「生物」とよばれるものの間には，生命を維持する方法や構造などに（③　　　　）性がある。

2 ●—生物の共通性

●生物にみられる共通性

・体が（①　　　　）でできており，その周囲に（②　　　　　　）をもつ。（②）によって，（①）内を外界とは独立した状態に保つことができる。

・体内での（③　　　　）を通じて，（④　　　　　　　　）を獲得したり利用したりする。

・（⑤　　　　）を遺伝情報として用い，（⑥　　　　　）によって子をつくる。（⑤）は少しずつ変化するため，生物は（⑦　　　　）する。

・刺激を受容して，それに対して（⑧　　　　　）する。体内の環境を一定の範囲内に維持する性質である（⑨　　　　　　　）が，脊椎動物ではよく発達する。

●約（⑩　　　　　）年前に，生物の共通の祖先が誕生したと考えられている。これが環境に適応しながら（⑦）することで，生物が示す多様性が生じた。その一方で，すべての生物は共通の祖先をもつため，生物の基本的特徴には共通性がみられる。

3 ●—細胞の特徴と観察

●動物や植物などの体を構成する細胞は，核をもち（①　　　　　　　　）とよばれる。（①）の構造のうち，比較的活発な生命活動がみられる部分は，核とそれ以外の部分である（②　　　　　　）に分けられる。

●動物と植物の細胞に共通にみられる構造（細胞小器官）

・核…（③　　　　）に包まれ，内部にはDNAを含む（④　　　　　　　）がある。（④）のまわりは（⑤　　　　　）で満たされている。細胞の形態や働きを決定する。

・（⑥　　　　　　　　　　）…長さが数μm程度の，粒状または糸状の細胞小器官。有機物を（⑦　　　　　）によって分解しエネルギーを取り出すことで，細胞に必要なエネルギーを供給する。

・（⑧　　　　　　　）…細胞内外を仕切り，物質の移動調節に働く，厚さ8〜10nm程度の膜。

・（⑨　　　　　　　）…さまざまな化学反応の場となる。その流動性により，細胞内の構造が移動する現象は，（⑩　　　　　　）流動（原形質流動）とよばれる。

●植物細胞に特徴的にみられる構造

・（⑪　　　　　　　）…直径が5〜10μm程度の，凸レンズ状の細胞小器官。光エネルギーを用いて（⑫　　　　　　）を行い，有機物を合成している。

・発達した（⑬　　　　　）…成熟した植物細胞でみられる。液胞膜で包まれ，内部を満たしている液を（⑭　　　　　）という。（⑭）には，（⑮　　　　　　　　　）などの色素，タンパク質や糖などの有機物，無機塩類などが含まれている。

・（⑯　　　　　　　）…（⑰　　　　　　　　）やペクチンなどを主成分とする。細胞の形態を保ち，その保護などに働く。

●大腸菌やシアノバクテリアなどの細胞は，（①）とは異なり，DNAが（③）に包まれず，（⑥）や（⑪）がない。このような細胞は（⑱　　　　　　　）とよばれる。（⑱）であっても，（⑧）や（⑯）はもっている。

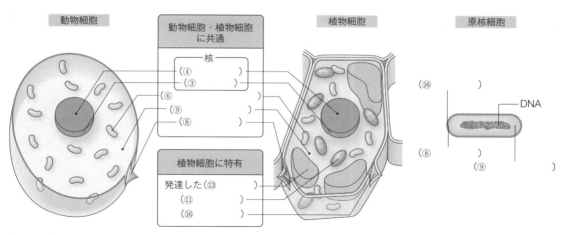

●細胞内の構造や微細な生物の観察は，プレパラートを作成し，顕微鏡を用いて行う。

・（⑲　　　　　　　　　）の中央に試料を置き，水や染色液を加え，（⑳　　　　　　　　　）をかけ
る際には気泡が入らないように注意する。

・顕微鏡には，（㉑　　　　　　　），（㉒　　　　　　　）の順に取りつける。

・対物レンズをプレパラートから離す方向に（㉓　　　　　　　）を回し，ピントを合わせる。しぼり
を絞ると視野は暗くなるが，ピントの合う範囲は（㉔　　　　　）なる。

・顕微鏡で得られる像は上下左右が（㉕　　　　　）になっていることに注意して，観察したい部分を
視野の中央に移動させてから，より（㉖　　　　　）倍率の（㉒）にかえる。

答 1● ①種　②多様　③共通　**2●** ①細胞　②細胞膜　③代謝　④エネルギー　⑤DNA（デオキシリボ核酸）　⑥
生殖　⑦進化　⑧反応　⑨恒常性（ホメオスタシス）　⑩40億　**3●** ①真核細胞　②細胞質　③核膜　④染色体　⑤
核液　⑥ミトコンドリア　⑦呼吸　⑧細胞膜　⑨細胞質基質　⑩細胞質　⑪葉緑体　⑫光合成　⑬液胞　⑭細胞液　⑮
アントシアン　⑯細胞壁　⑰セルロース　⑱原核細胞　⑲スライドガラス　⑳カバーガラス　㉑接眼レンズ　㉒対物レ
ンズ　㉓調節ねじ　㉔広く　㉕反対　㉖高

一問一答　正誤問題　次の各文のそれぞれの太字について，正しい場合は○を，誤っている場合には正しい語句を記せ。

□①　地球上に存在する生物の種は，現在知られているもので**約180万種**，未知のものまで含めると
数千万種に及ぶ。

□②　生物が共通にもつ性質には，㋐**体が細胞でできている**，㋑**代謝を行う**，㋒**自らの形質を受け継
ぐ子を残す**，㋓**刺激に対して反応して恒常性を維持する**ことなどがあげられる。

□③　動物や植物の体を構成する細胞は**真核細胞**である。

□④　真核細胞のもつ，核の周囲の構造は，**原形質**と総称される。

□⑤　核内部の，染色体のまわりを満たす液体を**細胞液**という。

□⑥　一般に，ミトコンドリアは葉緑体よりも㋐**大型**で，㋑**有機物を合成**することに働く。

□⑦　葉緑体は，㋐**凸レンズ状**の構造で，㋑**光合成の場**である。

□⑧　液胞中の液体を㋐**細胞質基質**といい，㋑**クロロフィル**などの色素を含んでいる。

□⑨　㋐**動物細胞**にみられる細胞壁は，㋑**デンプン**やペクチンなどを主成分とする。

□⑩　原核細胞には，㋐**核膜に包まれた核がある**。また，細胞質基質は㋑**存在しない**。

答 ①○　②㋐—○　㋑—○　㋒—○　㋓—○　③○　④細胞質　⑤核液　⑥㋐—小型　㋑—有機物を分解　⑦㋐—○　㋑
—○　⑧㋐—細胞液　㋑—アントシアン　⑨㋐—植物細胞　㋑—セルロース　⑩㋐—核膜に包まれた核はない　㋑—存
在する（もつ）

1–2　細胞とエネルギー

まとめ & チェック｜次の文章や図中の空欄に適語を入れよ。

1 ●―代謝とエネルギー

●代謝には，単純な物質を複雑な物質に合成する（①　　　　　）と，複雑な物質を単純な物質に分解する（②　　　　　）がある。（①）の過程では（③　　　　　）が吸収され，（②）の過程では（③）が放出される。光合成と呼吸は，それぞれ（①）と（②）の代表的な例である。

●細胞内での代謝における（③）の受け渡しには，（④　　　　　）とよばれる物質が介在している。（④）は，（⑤　　　　　）という塩基に（⑥　　　　　）という糖が結合したアデノシンに（⑦　　　　　）が三つ結合した物質で，（⑦）どうしの結合は，切れるときに多くの（③）を放出するため，（⑧　　　　　）とよばれる。この際，（④）は（⑨　　　　　）とリン酸になる。

2 ●―酵素

●化学反応の前後で自身は変化しないが，一般に化学反応を促進する物質を（①　　　　　）という。穏やかな生体内で効率よく代謝が進行するためには，生体（①）ともよばれる（②　　　　　）が重要な働きを果たしている。

●（②）はおもに（③　　　　　）からできている。消化（②）のように消化管内に分泌され細胞外で働く（②）もあるが，細胞内ではたらく（②）も多い。例えば，ミトコンドリアには（④　　　　　）に関係する（②）が，（⑤　　　　　）には光合成に関係する（②）が含まれている。

3 ●―呼吸

●酸素を使って有機物を分解してエネルギーを取り出し，生命活動に必要なATPを合成する反応は（①　　　　　）とよばれる。（①）で用いられる有機物としては，炭水化物（糖）である（②　　　　　）が重要である。真核細胞では，（①）はミトコンドリアで行われる。

●（①）と燃焼は本質的には同じ反応である。しかし，有機物がもつエネルギーが，燃焼では（③　　　　　）や光として解放されてしまうのに対し，（①）では取り出されたエネルギーの一部は（④　　　　　）に蓄えられるという違いがある。

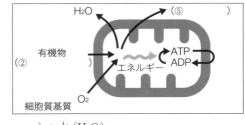

●（①）の化学反応式

有機物（$C_6H_{12}O_6$）＋酸素（O_2）→（⑤　　　　　）＋水（H_2O）

4 ●―光合成

●（①　　　　　）から有機物を合成する反応を（②　　　　　）という。この際に光エネルギーを利用するものは（③　　　　　）とよばれる。植物の（③）の結果つくられた有機物の多くは（④　　　　　）となり，同化（④）として一時的に（⑤　　　　　）に蓄えられるが，やがてスクロースとなって他の組織に輸送され，貯蔵（④）として蓄えられる。

● 植物の行う（③）に際しては，水が分解され（⑥　　　　　　　）が放出される。（③）でつくられた有機物は，自身の体を構築したり，自身の行う（⑦　　　　）の基質として用いられたりする。動物である人類にとって，米，麦，芋などに蓄えられた貯蔵（④）は，重要な食糧である。

●（③）の反応式

（①　　　　　　　　　　　）＋水（H$_2$O）→有機物（C$_6$H$_{12}$O$_6$）＋（⑥　　　　　　　　）

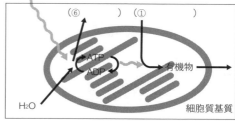

光エネルギー

細胞質基質

答1● ①同化 ②異化 ③エネルギー ④ATP（アデノシン三リン酸） ⑤アデニン ⑥リボース ⑦リン酸 ⑧高エネルギーリン酸結合 ⑨ADP（アデノシン二リン酸）　2● ①触媒 ②酵素 ③タンパク質 ④呼吸 ⑤葉緑体　3● ①呼吸 ②グルコース ③熱 ④ATP ⑤二酸化炭素（CO$_2$）　4● ①二酸化炭素 ②炭酸同化 ③光合成 ④デンプン ⑤葉緑体 ⑥酸素（O$_2$）　⑦呼吸

一問一答 正誤 問題　次の各文のそれぞれの太字について，正しい場合は○を，誤っている場合には正しい語句を記せ。

□① 同化とは物質を⑦分解し，エネルギーを④取り出す反応，異化とは物質を⑦合成し，エネルギーを④吸収する反応である。

□② ATPは，アデニン－リボース－3個のリン酸の順に結合している。

□③ ATPのもつ高エネルギーリン酸結合は，2か所である。

□④ 酵素は⑦生体触媒ともよばれる，おもに④脂質からなる物質である。

□⑤ 酵素は一般に化学反応を促進し，反応の前後で減少する。

□⑥ 多くの酵素は細胞内で作用するが，細胞外で働くものもある。

□⑦ 真核細胞の行う呼吸は⑦ミトコンドリアで行われ，酸素を用いて有機物を分解し，④二酸化炭素と水に変化させる過程を通じてATPを⑦分解する。

□⑧ 植物が行う光合成は⑦葉緑体で行われる。太陽の光エネルギーを利用して④水と二酸化炭素から有機物を合成する。

答 ①⑦—合成 ④—吸収する（取り込む） ⑦—分解 ④—放出する（取り出す）　②○　③○　④⑦—○ ④—タンパク質　⑤変化しない（増加も減少もしない）　⑥○　⑦⑦—○ ④—○ ⑦—合成　⑧⑦—○ ④—○

1—3　遺伝子の本体

まとめ ＆ チェック　次の文章や図中の空欄に適語を入れよ。

1 ●—遺伝現象と遺伝子

●19世紀半ば，(①　　　　　　　)は，エンドウの形質が示す遺伝の規則性を見いだした。その中で彼が，親から子へ伝わる因子として仮定したものは，現在では(②　　　　　　)とよばれる。

●20世紀になると，(②)は細胞内の(③　　　)に含まれ，特にその中の(④　　　　　　)にあると考えられるようになった。(④)の主成分は，DNAと(⑤　　　　　　)であり，そのうちのいずれが遺伝子の本体であるのかが争点となった。

2 ●—遺伝子の本体を探る研究

●(①　　　　　　　)のS型菌は病原性で，R型菌は非病原性である。グリフィスは，加熱殺菌したS型菌やR型菌をマウスに注射しても発病しないが，これらを混ぜ合わせて注射するとマウスから生きたS型菌が見いだされる現象を発見した。このような現象は(②　　　　　)とよばれる。
(③　　　　　　　)らは，S型菌の抽出物にDNA分解酵素を作用させてからR型菌と混ぜ合わせると(②)が(④　　　　　　)が，タンパク質分解酵素を作用させてからR型菌と混ぜ合わせると(②)が(⑤　　　　　)という実験結果から，(②)を引き起こす因子が(⑥　　　　)であることを明らかにした。

グリフィスの実験	(③　　　　　　)らの実験

S型菌　死　ネズミ　R型菌　生
注射　　　　　　　　注射

加熱殺菌したS型菌　　生
注射

R型菌　注射　死　S型菌が検出される
混合

S型菌を溶かして物質を抽出　R型菌と混ぜて培養　S型菌が出現
R型菌

S型菌抽出物のタンパク質を分解　R型菌と混ぜて培養　S型菌が出現
R型菌

S型菌抽出物のDNAを分解　R型菌と混ぜて培養　S型菌が出現しない
R型菌

●(⑦　　　　　　)は，単独では増殖することができず，細菌に寄生して増殖する(⑧　　　　　)である。ハーシーとチェイスは，(⑦)がもつ(⑥)とタンパク質のうち，いずれが細菌内に入っているのかを調べた。その結果，(⑥)だけが細菌内に入り，それをもとに(⑦)が増殖することがわかり，(⑥)が遺伝子の本体であることが確定した。

3 ●—DNAの構造

●DNAは，(①　　　　　　　)が多数つながった鎖状の高分子化合物である。(①)は，リン酸と糖と塩基からできているが，DNAを構成する(①)では，糖は(②　　　　　　　)で，塩基は(③　　　　)(Aと略記)，(④　　　　　)(Tと略記)，(⑤　　　　　)(Gと略記)，(⑥　　　　　)(Cと略記)の4種類のいずれかである。

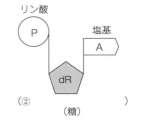

リン酸
P
塩基
A
dR
(②　　　　　　　　　)
(糖)

●シャルガフは，さまざまな生物のDNAで，Aと(⑦　　　　)，Gと(⑧　　　　)の割合が等しい(A：(⑦)＝G：(⑧)＝1：1)ことを示した(シャルガフの規則)。また，ウィルキンスらは，X線を使った研究により，DNAは全体として(⑨　　　　　　　)の分子であることを示した。

●シャルガフやウィルキンスらの研究をもとに，ワトソンとクリックは，DNAの（⑩　　　　　　　　）のモデルを提唱した。このモデルでは，2本の鎖はらせん状にねじれており，一方の鎖から（③）が突き出しているとき，他方の鎖の向かい合う位置からはTが突き出し，同様に（⑤）の場合はCであるという規則性がある。このように，ある塩基が決まれば向かい合う塩基も決まるような，特定の塩基どうしが対をつくる性質は（⑪　　　　）という。

●DNAのヌクレオチド鎖がもつ塩基の並び，すなわち（⑫　　　　　　）は生物によって決まっている。この（⑫）こそが，生物がさまざまな形質を発現するための遺伝情報である。

●DNAを抽出する実験

・試料を乳鉢に入れて乳棒でよくすりつぶし，（⑬　　　　　　　　）分解酵素（トリプシン）の水溶液を加える。

・15％の（⑭　　　　　　）を加えて撹拌（かくはん）し，100℃で5分間湯せんしてからろ過する。

・ろ液に氷冷した（⑮　　　　　　　）を加え，ガラス棒で糸状のDNAを巻き取る。

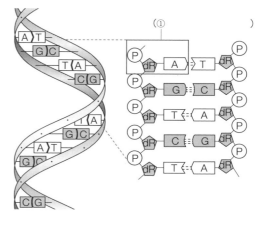

答 1● ①メンデル　②遺伝子　③核　④染色体　⑤タンパク質　　**2●** ①肺炎双球菌　②形質転換　③エイブリー　④起こらない　⑤起こる　⑥DNA　⑦T₂ファージ（バクテリオファージ）　⑧ウイルス　　**3●** ①ヌクレオチド　②デオキシリボース　③アデニン　④チミン　⑤グアニン　⑥シトシン　⑦T　⑧C　⑨らせん構造　⑩二重らせん構造　⑪相補性　⑫塩基配列　⑬タンパク質　⑭食塩水　⑮エタノール

一問一答 正誤 問題

次の各文のそれぞれの太字について，正しい場合は○を，誤っている場合には正しい語句を記せ。

□①　メンデルは，⑦**エンドウの遺伝の研究**を通じて，⑦**遺伝子が染色体上にある**ことを見いだした。

□②　真核生物の染色体は，**DNAだけからできていて，タンパク質は含まれていない。**

□③　⑦**グリフィス**が，肺炎双球菌の⑦**形質転換**という現象を発見した。

□④　⑦**エイブリー**は，肺炎双球菌の形質転換を引き起こす物質が⑦**DNA**であることを突き止めた。

□⑤　T₂ファージは⑦**細菌**だから，⑦**単独でも増殖できる。**

□⑥　ハーシーとチェイスの行った実験では，T₂ファージのもつ⑦**タンパク質**が細菌の中に注入されていた。その結果，⑦**DNA**が遺伝子の本体であることが確定した。

□⑦　DNAは⑦**ヌクレオチド**がたくさん結合した⑦**高分子化合物**である。

□⑧　ヌクレオチドは，3種類の構成要素が，⑦**糖–塩基–リン酸**の順につながっている。DNAを構成するヌクレオチドは糖として⑦**デオキシリボース**，塩基として⑦**A，T，G，C，Uの5種類**のうちいずれかを含む。

□⑨　ワトソンとクリックによって，DNA分子の**二重らせん構造**のモデルが提唱された。

□⑩　DNA分子の中で，**AとC，TとG**が相補的な塩基対を形成している。

答 ①⑦—○　⑦—遺伝の法則性　②DNAとタンパク質からなる　③⑦—○　⑦—○　④⑦—○　⑦—○　⑤⑦—ウイルス　⑦—単独では増殖できない　⑥⑦—DNA　⑦—○　⑦⑦—○　⑦—○　⑧⑦—リン酸–糖–塩基（塩基–糖–リン酸）　⑦—○　⑦—A，T，G，Cの4種類　⑨○　⑩AとT，GとC

1―4　遺伝情報の分配

まとめ **&** **チェック**　次の文章や図中の空欄に適語を入れよ。

1 ●―遺伝子，DNA，染色体，ゲノムの関係

●遺伝子の実体はDNAであるが，DNAの（①　　　　　　　　）の全領域が遺伝子として働いているわけではなく，ヒトの場合は全体の2%ほどと考えられている。また，遺伝子の数はヒトではおおよそ（②　　　　　　　　）個と考えられている。原核生物の場合，遺伝子として働かない（①）の割合は，真核生物に比べて少ない。

●真核生物の場合，DNAはある種の（③　　　　　　　　）に巻きついた状態で染色体に収められている。ヒトは体細胞の核に，（④　　　　　）本のDNAを，（④）本の染色体に分けてもっている。

●ある生物がその生物としてあるために必要な遺伝情報の一揃い，あるいはそれを含む染色体全体を（⑤　　　　　）という。例えば，ヒト（2n = 46）では，卵などに含まれる23本の染色体ないしはその中の遺伝子が（⑤）にあたり，体細胞は（⑥　　　）組の（⑤）をもつことになる。

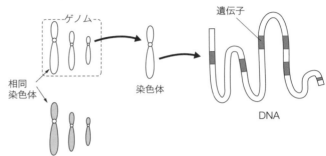

2 ●―細胞周期と遺伝情報の複製

●真核細胞の体細胞分裂では，細胞分裂を行う（①　　　　　　　　）とそれ以外の時期である（②　　　　　）を繰り返している。このような周期性を（③　　　　　　　）という。（②）は，DNA合成の準備を行う（④　　　　　）（DNA合成準備期），DNA合成を行う（⑤　　　　　）（DNA合成期），分裂の準備を行う（⑥　　　　　）（分裂準備期）に分けられる。

●分裂によって生じる2個の娘細胞には，均質な遺伝情報が分配されなくてはならない。

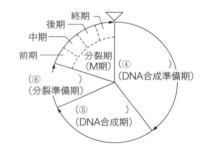

（⑤）（DNA合成期）には，DNAがもつ塩基の（⑦　　　　　　　）を利用してDNAが正確に複製されるため，（⑥）や（①）の細胞には，（④）に比較して（⑧　　　）倍量のDNAが含まれる。

細胞あたりのDNA量（相対値）

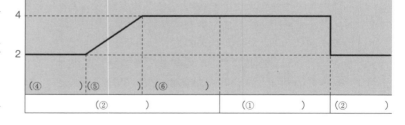

3 ●―体細胞分裂の過程（分裂期の詳細）

●体細胞分裂の分裂期は，以下のような四つの段階からなる。

・（①　　　　　）……染色体が凝縮して，太く短くなる。

・中期……染色体が（②　　　　　）に並ぶ。

・（③　　　　　）……各染色体は縦に裂けるように二つに分離して，それぞれ細胞の両極に移動する。

・終期……核分裂によって生じた娘核内に，形の崩れた染色体が分散するようになる。

　　その後，（④　　　　　）分裂が起こり，同じ遺伝情報をもった2個の娘細胞ができる。

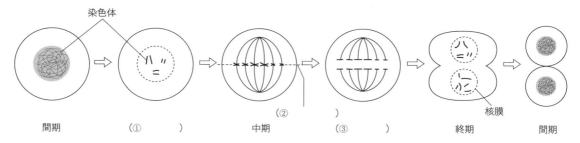

染色体

間期　　　　（①　　　　）　　　　中期　　　　（②）（③　　　　）　　　　終期　　　　核膜　　　間期

●体細胞分裂の観察（プレパラートの作成）
・（⑤　　　　）…タマネギなどの根の先端を切り取り，45％酢酸に5〜10分浸す。
・（⑥　　　　）…60℃程度に温めた希塩酸に1分程度浸す。
・（⑦　　　　）…酢酸オルセイン液を滴下する。
・押しつぶし…カバーガラスをかけ，ろ紙をかぶせ，その上から押しつぶす。

答 1● ①塩基配列　②20000　③タンパク質　④46　⑤ゲノム　⑥2　**2●** ①分裂期（M期）　②間期　③細胞周期　④G_1期　⑤S期　⑥G_2期　⑦相補性　⑧2　**3●** ①前期　②赤道面　③後期　④細胞質　⑤固定　⑥解離　⑦染色

一問一答 正誤 問題｜次の各文のそれぞれの太字について，正しい場合は○を，誤っている場合には正しい語句を記せ。

□①　遺伝子の実体は⑦**DNA**であり，その④**塩基配列**の一部が遺伝子として働く。

□②　ヒトの遺伝子は，**約10万個**と考えられている。

□③　生物が，自らを形成・維持するために必要な最小限の染色体ないしは遺伝情報の一揃いは⑦**ゲノム**とよばれる。ヒトのゲノムは④**46本**の染色体ないしは，その中に含まれる遺伝子である。

□④　細胞周期のうちの間期では，⑦**G_2期**にDNA合成の準備を行い，④**S期**に分裂の準備を行う。

□⑤　⑦**S期**にDNAが複製される際，DNAのAの向い側には④**G**，⑦**T**の向い側にはCが配置するように新たなDNA分子が合成されるため，④**もととは異なる**塩基配列のDNAを娘細胞に受け渡すことができる。

□⑥　分裂期（M期）を終えた細胞は，細胞周期のうち最も多くのDNAを含む時期の細胞に比較して，**半分**のDNA量をもつ。

□⑦　体細胞分裂の⑦**分裂期**は，前期，④**間期**，後期，終期の順に進む。

□⑧　分裂期のうち，⑦**前期**には染色体が赤道面に並び，④**中期**にはそれぞれの染色体の分離が起こる。

□⑨　分裂期の後期には，⑦**各染色体が縦に裂けるように二つに分かれ，両極に移動する**。終期には，④**染色体の形が崩れ，核の形状がはっきりわかるようになる**。

□⑩　体細胞分裂では，まず⑦**細胞質分裂**が起こり，続いて④**核分裂**が起こる。

□⑪　体細胞分裂の結果生じる⑦**4個**の娘細胞は，④**すべて同じ遺伝情報**をもっている。

□⑫　タマネギの根端などを用いて，プレパラートを作成するには，**染色→解離→固定→押しつぶし**の順に処理を行う。

答 ①⑦—○　④—○　②2万　③⑦—○　④—23本　④⑦—G_1期　④—G_2期　⑤⑦—○　④—T　⑦—G　エ—もとと同じ　⑥○　⑦⑦—○　④—中期　⑧⑦—中期　④—後期　⑨⑦—○　④—○　⑩⑦—核分裂　④—細胞質分裂　⑪⑦—2個　④—○　⑫固定→解離→染色→押しつぶし

1—5　タンパク質の合成

まとめ **&** **チェック**｜次の文章や図中の空欄に適語を入れよ。

1 ●―生命現象とタンパク質

●タンパク質は，（①　　　　　　　　）が多数つながった鎖状の分子である。生体内でタンパク質が示す働きは，構成する（①）の種類や数によって決まっている。

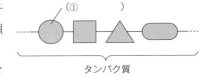

タンパク質

●アミラーゼなどの（②　　　　　　）は触媒作用をもち円滑な代謝を進めるうえで欠くことができない。皮膚などの細胞では繊維状タンパク質の（③　　　　　　　　）が，眼の水晶体では透明なタンパク質である（④　　　　　　　　　）が合成されている。血糖量（血糖濃度）を調節する際に働く（⑤　　　　　　　）であるインスリン，血液中の赤血球がもち酸素運搬に働く（⑥　　　　　　　　）もタンパク質である。筋肉の収縮の際に重要な働きを果たすのも，筋繊維（筋細胞）内の（⑦　　　　　　　）やミオシンなどのタンパク質である。

2 ●―セントラルドグマ

●遺伝子が実際に働くことを，遺伝子が（①　　　　　）するという。遺伝子が（①）するとき，まずDNAの塩基配列の一部は（②　　　　　　　　）という分子に写し取られる。この過程を（③　　　　　）という。次に（②）の塩基配列はタンパク質の（④　　　　　　　）に変換される。この過程を（⑤　　　　）という。このような，DNA→（②）→タンパク質という遺伝情報の一方向の流れは（⑥　　　　　　　　）とよばれる。

DNA	mRNA	タンパク質
（の塩基配列）	（の塩基配列）	（のアミノ酸配列）
転写	翻訳	

●すなわち，遺伝子が（①）するとは，DNAがもつ遺伝情報に基づいた（⑦　　　　　　）の合成が行われることである。

●RNA（リボ核酸）も，DNAと同様に（⑧　　　　　　　）が多数つながった鎖状分子であるが，二重らせん構造ではなく，基本的に（⑨　　　　　　）である。DNAを構成する（⑧）との違いは，RNAでは（⑧）の糖は（⑩　　　　　）で，塩基はTのかわりに（⑪　　　　　　）（Uと略記）をもつことである。

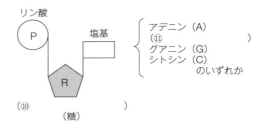

リン酸

P

塩基

R

（⑩）

（糖）

アデニン（A）
グアニン（G）
シトシン（C）
（⑪　　　　　　）
のいずれか

●遺伝子発現（タンパク質合成）の過程

・転写……DNAの塩基配列→（②）の塩基配列

　・DNAの二重らせんがほどけ，一方の鎖のA，T，G，Cに，それぞれ（⑫　　　　　　）な塩基である（⑬　　　　），（⑭　　　　），C，Gをもつ，RNAをつくるヌクレオチドが配列する。

　・配列したヌクレオチドどうしが連結され，DNAの塩基配列に基づいた（②）が合成される。

・翻訳……（②）の塩基配列→タンパク質のアミノ酸配列

　・（②）のもつ塩基配列は，連続した（⑮　　　）個の塩基が一組となって特定の（⑯　　　　　　　　）を指定する。

　・指定された（⑯）が（⑰　　　　　　　　　　）によって（②）に運ばれ結合していくことで，（②）の塩基配列に基づいた（⑦）が合成される。

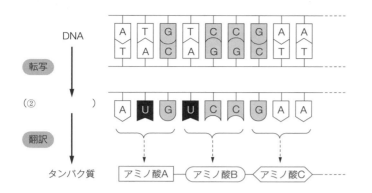

③ ●—遺伝子発現の調節

●多細胞生物は，一つの受精卵が（①　　　　　　　）を繰り返してできた多数の細胞からできている。
（①）を通じて，核内の遺伝情報の一揃いである（②　　　　　　）は同一のものが娘細胞に分配される。
そのため，すべての細胞は基本的に同じ（②）をもつ。

●それにもかかわらず，多細胞生物の体を構成している細胞間に，形態や働きが異なる細胞がみられ
る，すなわち細胞間の（③　　　　　）があるのは，個々の細胞は同じ遺伝子を（④　　　　）しているの
ではなく，選択的に特定の遺伝子を（④）していることによる。例えば，ある種のリンパ球はタンパク
質からなる抗体を合成するが，この細胞では抗体タンパク質のアミノ酸配列を指定する遺伝子が選択
的に（④）しているのである。

答 1● ①アミノ酸　②酵素　③コラーゲン　④クリスタリン　⑤ホルモン　⑥ヘモグロビン　⑦アクチン　　**2●** ①発現　②mRNA（伝令RNA）　③転写　④アミノ酸配列　⑤翻訳　⑥セントラルドグマ　⑦タンパク質　⑧ヌクレオチド　⑨1本鎖　⑩リボース　⑪ウラシル　⑫相補的　⑬U　⑭A　⑮3　⑯アミノ酸　⑰tRNA（転移RNA）　**3●** ①体細胞分裂　②ゲノム　③分化　④発現

一問一答 正誤 問題 ｜ 次の各文のそれぞれの太字について，正しい場合は○を，誤っている場合には正しい語句を記せ。

□① 生体内のタンパク質の働きとして，**ア酵素として代謝に関与**する，**イホルモンとして情報伝達に作用**する，**ウ物質と結合するなどして物質運搬**に働く，**エ筋収縮などの運動**に働くなどがあげられる。

□② タンパク質の構造や機能の違いは，タンパク質を構成する**ヌクレオチド**の種類や数が異なることに起因する。

□③ DNAの遺伝情報をもとにタンパク質が合成される際，**ア翻訳，転写**の順に進行する。また，この流れは生体内で**イ逆方向にも進行する**。

□④ RNAを構成する**アヌクレオチド**は，糖として**イデオキシリボース**，塩基として**ウA，T，G，C**のいずれかをもつ。

□⑤ 転写の際には，DNAの2本鎖の**ア両方**がmRNAに写し取られる。その際，DNAのもつA，T，G，Cに対応するのは，それぞれmRNAのもつ**イT，A，C，G**である。

□⑥ mRNAの塩基配列のうち，連続する**ア4個**の塩基で一つの**イタンパク質**を指定する。

□⑦ 多細胞生物にみられる分化した細胞では，それぞれに異なった遺伝子を**保持**している。

答 ①ア—○　イ—○　ウ—○　エ—○　②アミノ酸　③ア—転写，翻訳　イ—逆方向には進行しない　④ア—○　イ—リボース　ウ—A，U，G，C　⑤ア—片方　イ—U，A，C，G　⑥ア—3個　イ—アミノ酸　⑦発現

2―1 体液とその循環

まとめ & チェック | 次の文章や図中の空欄に適語を入れよ。

1 ●―体液

●血管内の(①)，細胞間隙を満たす(②)，リンパ管内の(③)，これらをまとめて体液とよぶ。三者の間には相互に循環がある。体外環境に対して，体液の状態は(④)という。

2 ●―循環系

●脊椎動物の循環系は，血管系と(①)からなる。ミミズなどの環形動物や脊椎動物の血管系では，動脈と静脈が(②)でつながれている。このような血管系は(③)とよばれる。(①)の途中には(④)があり，最終的に血管系と合流する。

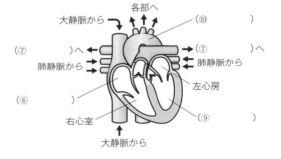

●ほ乳類では，全身をめぐった暗赤色の(⑤)は大静脈によって心臓の(⑥)に運び込まれる。右心室から(⑦)によって肺に流れ込んだ(⑤)はここでガス交換し，鮮紅色の(⑧)となる。肺からは肺静脈を介して左心房へ(⑧)が流入し，(⑨)で再び血液は加圧され，(⑩)を通って全身に送り出される。肺をめぐる血液循環は(⑪)，全身をめぐる血液循環は(⑫)とよばれる。

●心臓拍動の自動性をつくり出しているのは，右心房にある(⑬)で，ペースメーカーの機能を果たす。

●動脈は，高い血圧に耐えられるように厚い筋肉層をもつ。静脈には，血液の逆流を防ぐための(⑭)が備わっている。毛細血管は一層の内皮細胞からなり，ここからしみ出した血液中の液体成分(血しょう)が(⑮)である。

3 ●―血液の成分

●血液のうち液体成分を(①)といい，有形成分には，おもに酸素運搬に働く(②)，食作用や免疫に作用する(③)，血液凝固に関係する(④)がある。いずれの血球とも骨髄でつくられる。ヒトの場合，(③)以外には核がない。(①)の主成分は水であるが，多くの(⑤)や無機塩類が溶けている。

	大きさ	数(血液1mm³あたり)
(②)	7.5μm	450万～500万個
(③)	7～15μm	6000～8000個
(④)	2～3μm	20万～40万個

4 ●―血液の働き

●体に外傷を受け出血すると，止血のために血液中に繊維状タンパク質である(①)が形成され，血球をからめて(②)をつくり，血液は(③)する。血液の(③)が試験管内で起こった際，(②)とともにできるやや黄色の上澄みを(④)という。なお，血管の修復に伴って(②)は取り除かれる(フィブリン溶解，線溶)。

●酸素は，赤血球がもつ（⑤　　　　　　　）というタンパク質に結合して，肺から各組織に運ばれている。（⑤）は，酸素濃度が（⑥　　　　），二酸化炭素濃度が（⑦　　　　）条件で酸素と結合しやすく，反対に酸素濃度が（⑧　　　　），二酸化炭素濃度が（⑨　　　　）条件で酸素を解離しやすい。

●酸素濃度と，（⑤）が酸素と結合する割合との関係を表したグラフを（⑩　　　　　　　　　）（酸素結合曲線）という。

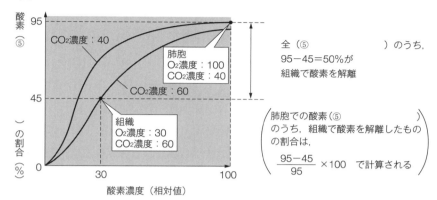

全（⑤　　　　　　　）のうち，95−45＝50％が組織で酸素を解離

肺胞での酸素（⑤　　　　　　　）のうち，組織で酸素を解離したものの割合は，

$$\frac{95-45}{95} \times 100$$ で計算される

答 1 ● ①血液　②組織液　③リンパ液　④体内環境（内部環境）　**2 ●** ①リンパ系　②毛細血管　③閉鎖血管系　④リンパ節　⑤静脈血　⑥右心房　⑦肺動脈　⑧動脈血　⑨左心室　⑩大動脈　⑪肺循環　⑫体循環　⑬洞房結節　⑭弁　⑮組織液　**3 ●** ①血しょう　②赤血球　③白血球　④血小板　⑤タンパク質　**4 ●** ①フィブリン　②血ぺい　③凝固　④血清　⑤ヘモグロビン　⑥高く　⑦低い　⑧低く　⑨高い　⑩酸素解離曲線

一問一答 正 誤 問題　次の各文のそれぞれの太字について，正しい場合は○を，誤っている場合には正しい語句を記せ。

□①　血液，**ア リンパ液**，**イ 細胞液** などをあわせて，体液という。

□②　血液中の液体成分を**ア 血清** といい，有形成分中で，最も数が多いのが**イ 赤血球**，最も小さなものが**ウ 血小板** である。

□③　大静脈は**ア 左心房** に接続し，**イ 右心室** の血液は大動脈を介して心臓の外へ出る。肺動脈には**ウ 鮮紅色** の**エ 動脈血**，肺静脈には**オ 暗赤色** の**カ 静脈血** が流れている。

□④　**ア 右心室** には，心臓拍動のリズムをつくり出す構造があり，その名称は**イ 洞房結節** である。

□⑤　脊椎動物の循環系には，**ア 血管系とリンパ系** がある。そのうち血管系は**イ 閉鎖血管系** である。動脈と静脈は**ウ 薄い筋肉の壁をもつ毛細血管** でつながれている。毛細血管からしみ出した液体成分を**エ 血清** という。

□⑥　外傷を受けたときに，繊維状タンパク質である**ア フィブリン** がつくられ，血球をからめて**イ 血ぺい** となって止血する。

□⑦　血液凝固に最も重要な働きを示す有形成分は**ア 血小板** である。**ア** をはじめとする血球は，いずれも**イ 骨髄** でつくられる。

□⑧　酸素濃度が**ア 高く**，二酸化炭素濃度が**イ 高い** 肺胞中では，**ウ 多く** のヘモグロビンが酸素と結合している。また，酸素濃度が**エ 低く**，二酸化炭素炭素濃度が**オ 高い** 体組織では，**カ 多く** のヘモグロビンが酸素を解離する。

答 ①ア─○　イ─組織液　②ア─血しょう　イ─○　ウ─○　③ア─右心房　イ─左心室　ウ─暗赤色　エ─静脈血　オ─鮮紅色　カ─動脈血　④ア─右心房　イ─○　⑤ア─○　イ─○　ウ──層の内皮細胞からなる　エ─組織液　⑥ア─○　イ─○　⑦ア─○　イ─○　⑧ア─○　イ─低い　ウ─○　エ─○　オ─○　カ─○

2－2　体内環境の維持

まとめ **&** **チェック** ｜ 次の文章や図中の空欄に適語を入れよ。

1) ●─肝臓

●肝臓には，心臓から他の臓器を経由することなく接続する（①　　　　　　　）と，小腸などの消化管を経由する（②　　　　　　）の2種類の血管を通して血液が流れ込んでいる。肝臓は（③　　　　　　）を基本単位とする体内で最大の臓器で，さまざまな働きを果たす。

- ・グルコースを（④　　　　　　　　　）にかえて貯蔵する。必要に応じてグルコースにして（⑤　　　　　　　）を調節する。
- ・血しょう中に含まれる（⑥　　　　　　　）の多くを合成する。
- ・（⑥）の分解によって生じる有害な（⑦　　　　　　　）を，毒性の少ない（⑧　　　　）にかえる。
- ・アルコールなどの毒物の（⑨　　　　　）を行う。
- ・ひ臓とともに，古くなった（⑩　　　　　　　）を破壊する。これに含まれていたヘモグロビンは，ビリルビンとなり，（⑪　　　　　　）に入る。（⑪）は胆のうにいったん蓄えられた後，胆管を通って十二指腸に分泌され，（⑫　　　　　）の消化を助ける。
- ・肝臓で代謝によって発生した（⑬　　　　　）は，体温維持に役立つ。

2) ●─腎臓

●腎臓は（①　　　）の生成を通じて，体内の不要な物質を排出したり，体液の無機塩類濃度を調節したりしている。その機能の最小単位は（②　　　　　　）で，（②）は（③　　　　　　　　）とそれから伸びる（④　　　　　　）から構成される。（③）は，毛細血管が球状に密集した（⑤　　　　　　　）とそれを囲む（⑥　　　　　　　）からなる。（④）は，他の（④）とともに（⑦　　　　　　　）につながる。（⑦）に集められた（①）は，腎うからぼうこうを経て排出される。

●（③）では，血液が（⑧　　　　　）されることによって（⑨　　　　　　）がつくられる。また，（④）や（⑦）から周囲を取り巻く毛細血管への（⑩　　　　　　）が起こり，（①）が生成される。

- ・こし出されることなく血管中に残るもの（大きなもの）……血球，（⑪　　　　　　　　　　）
- ・（⑨）に含まれるもの（低分子のもの）……グルコース，無機塩類（Na$^+$など），水，老廃物（尿素など）など（血しょうの組成に似る）
- ・再吸収されるもの（主として必要なもの）……グルコースのすべて，無機塩類や水のほとんど，老廃物の一部
- ・（①）に含まれるもの（基本的に不要なもの）……無機塩類や水のごく一部，老廃物の多く

●（⑦）からの水の再吸収を促すホルモンには，脳下垂体後葉から分泌される（⑫　　　　　　　　　　），（④）からのNa$^+$の再吸収の調節などに働くホルモンは，副腎皮質から分泌される（⑬　　　　　　　　　）である。

3) ●─神経系の分類

●動物の体内では情報を素早く伝えるための（①　　　　　　　　　）が多数つながって，神経系がつくられている。

●神経系は脳や脊髄などの（②　　　　　　）系と，感覚神経や運動神経，（③　　　　　　　）からなる（④　　　　　　）系がある。外部の環境が変動しても，動物が体内環境を安定に保とうとする性質を（⑤　　　　　　　　）といい，これには，（②）系のうちの間脳の（⑥　　　　　　　）が中枢として働き，（③）も関係している。

●脳が損傷を受けるなどして，機能の回復が不可能になった状態を（⑦　　　　　）という。（⑦）になると，脳幹の働きも停止するため，からだの調節機能が働かなくなり，やがて心臓が停止する。

4 ●―自律神経系による調節

●交感神経は（①　　　　　）から，副交感神経は（②　　　　）と（①）から出て内臓諸器官に分布している。多くの場合，同じ器官にこの両者が分布し，無意識下で（③　　　　　　）な調節作用を示す。

	心臓（拍動）	瞳孔	気管支	すい液分泌や胃・腸の運動
交感神経	促進	拡大	拡張	抑制
副交感神経	抑制	縮小	収縮	促進

5 ●―内分泌系による調節

●恒常性の維持には，自律神経系のほかホルモンを使った調節のしくみである（①　　　　　　　）も働いている。それぞれのホルモンは特定の（②　　　　　　）から（③　　　　　）中に放出され，特定のホルモンと結合する（④　　　　　　）をもつ（⑤　　　　　）器官の標的細胞に作用する。（②）は，消化液などを分泌する外分泌腺とは異なり，（⑥　　　　　　　）をもたない。

●胃の中の食物が胃酸とともに十二指腸に送られると，（⑦　　　　　　　）というホルモンが分泌され，血流に乗ってすい臓に伝わり，すい臓からの（⑧　　　　　　　）分泌が促される。この（⑦）が最初に見いだされたホルモンである。

●ホルモンを分泌する神経細胞を，（⑨　　　　　　　　　）という。（⑩　　　　　　　）の視床下部にある（⑨）の中には，（⑪　　　　　　　　）からの成長ホルモンや甲状腺刺激ホルモンなどの分泌を調節する，（⑫　　　　　　）ホルモンや抑制ホルモンを分泌するものがある。また，（⑨）の中には，その軸索を（⑬　　　　　　　）まで伸ばし，その末端から合成するホルモンを分泌しているものもある。腎臓の水の再吸収に関係する（⑭　　　　　　　　　）はその一例である。

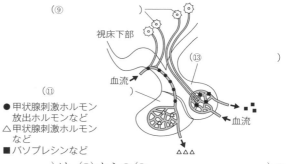

●甲状腺刺激ホルモン放出ホルモンなど
△甲状腺刺激ホルモンなど
■バソプレシンなど

●（⑩）視床下部からの（⑮　　　　　　　　　　　　　）は，（⑪）からの（⑯　　　　　　　　　　　）の分泌を促す。さらに，（⑯）は，（⑰　　　　　　）からのチロキシン分泌を促す。一方，チロキシンの血中濃度が増加すると，視床下部や脳下垂体からの（⑮）や（⑯）の分泌は（⑱　　　　　　）され，その結果，チロキシンの分泌量が（⑲　　　　　　）してチロキシン濃度は（⑳　　　　　）する。このような，結果が原因に戻って働きかける調節作用を（㉑　　　　　　　　）調節といい，最終的な働きの効果が逆になるように原因となるものに作用する場合を，特に（㉒　　　）の（㉑）調節という。

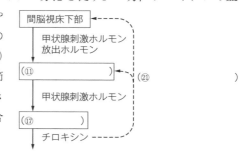

間脳視床下部

甲状腺刺激ホルモン放出ホルモン

（⑪　　　　　　　）

（㉑　　　　　　　　　）

甲状腺刺激ホルモン

（⑰　　　　　）

チロキシン

答1●　①肝動脈　②肝門脈（門脈）　③肝小葉　④グリコーゲン　⑤血糖量（血糖濃度）　⑥タンパク質　⑦アンモニア　⑧尿素　⑨解毒　⑩赤血球　⑪胆汁（胆液）　⑫脂肪　⑬熱　　**2●**　①尿　②ネフロン（腎単位）　③腎小体（マルピーギ小体）　④細尿管（腎細管）　⑤糸球体　⑥ボーマンのう　⑦集合管　⑧ろ過　⑨原尿　⑩再吸収　⑪タンパク質　⑫バソプレシン（抗利尿ホルモン）　⑬鉱質コルチコイド　　**3●**　①神経細胞（ニューロン）　②中枢神経　③自律神経　④末梢神経　⑤恒常性（ホメオスタシス）　⑥視床下部　⑦脳死　　**4●**　①脊髄　②脳　③対抗的（拮抗的）　　**5●**　①内分泌系　②内分泌腺　③血液（体液）　④受容体　⑤標的　⑥排出管　⑦セクレチン　⑧すい液　⑨神経分泌細胞　⑩間脳　⑪脳下垂体前葉　⑫放出　⑬脳下垂体後葉　⑭バソプレシン（抗利尿ホルモン）　⑮甲状腺刺激ホルモン放出ホルモン　⑯甲状腺刺激ホルモン　⑰甲状腺　⑱抑制　⑲減少　⑳低下　㉑フィードバック　㉒負

第1編　知識の確認

第2編　実験・考察・計算問題対策

第3編　模擬問題

一問一答 正誤 問題

次の各文のそれぞれの太字について，正しい場合は○を，誤っている場合には正しい語句を記せ。

□① 肝臓の働きには，**㋐グリコーゲンやタンパク質の合成**，**㋑尿素からアンモニアへの変換**，**㋒毒物の解毒作用**，**㋓白血球の破壊に伴うビリルビンの生成**，**㋔胆汁の生成**，**㋕熱産生による体温維持**などがある。

□② ネフロンは，**㋐腎単位**とそれにつながる**㋑細尿管（腎細管）**から構成される。

□③ 腎小体は，**㋐糸球体**と**㋑ボーマンのう**からなる。ボーマンのうに続く細尿管は，太い管の**㋒輸尿管**につながる。

□④ 原尿にはタンパク質が**㋐含まれる**。グルコースは，原尿から**㋑ほとんど再吸収されない**。

□⑤ **㋐タンパク質が含まれないこと以外**，血しょうと原尿の成分は似ている。原尿に比較して，尿中の尿素濃度は**㋑低く**なっている。

□⑥ 体液の塩類濃度が下降したときには，**㋐副腎皮質**からのバソプレシンの分泌が**㋑抑制**され，尿量は**㋒増加**する。

□⑦ **㋐副腎皮質**から分泌される鉱質コルチコイドは，**㋑細尿管（腎細管）**からの**㋒水**の再吸収を促すことに作用する。

□⑧ 神経系は，細長い**㋐神経細胞**が多数つながってつくられている。脊椎動物の神経系は，**㋑脳と脊髄**からなる中枢神経系と，中枢神経系と各器官などをつなぐ**㋒自律神経系**に分けられる。

□⑨ 事故や病気で脳の機能が回復不能になった状態が**㋐脳死**である。脳死になると**㋑相補性**が失われるため，やがて**㋒心臓**が停止して死に至る。

□⑩ 交感神経は**㋐脳と脊髄**から，副交感神経は**㋑脊髄のみ**から出て，さまざまな組織・器官に分布する。激しい運動で血液中の二酸化炭素濃度が高まると，**㋒交感神経**の作用で心臓の拍動は促進される。

□⑪ 副交感神経の興奮によって，瞳孔は**㋐拡大**し，消化管の運動は**㋑促進**される。

□⑫ 交感神経の興奮によって，気管支は**㋐拡張**する。一方，副交感神経の興奮によって，気管支は**㋑収縮**する。

□⑬ 恒常性の維持には，**㋐中枢神経系**のほか，ホルモンを使った調節のしくみの**㋑内分泌系**も働いている。

□⑭ あるホルモンが作用する**㋐標的細胞**が，そのホルモンにのみ反応できるのは，特定のホルモンと結合する**㋑受容体**をもつからである。例えば，すい液の分泌については，**㋒セクレチン受容体**をもつ細胞が**㋓すい臓**にあると考えられる。

□⑮ 脳下垂体後葉から分泌されるバソプレシンは，**㋐脳下垂体後葉**で合成され，軸索中を運ばれ，**㋑血液中**に出る。

□⑯ 甲状腺から分泌される**㋐チロキシン**が減少し，血中濃度が低下すると，この情報が間脳の**㋑視床下部**や**㋒脳下垂体後葉**に伝えられ，甲状腺刺激ホルモン放出ホルモンや甲状腺刺激ホルモンの分泌が**㋓促進**される。このような調節は，**㋔正**のフィードバック調節とよばれる。

答 ①㋐―○　㋑―アンモニアから尿素への変換　㋒―○　㋓―赤血球　㋔―○　㋕―○　②㋐―腎小体（マルピーギ小体）　㋑―○　③㋐―○　㋑―○　㋒―集合管　④㋐―含まれない　㋑―すべて再吸収される　⑤㋐―○　㋑―高く　⑥㋐―脳下垂体後葉　㋑―○　㋒―○　⑦㋐―○　㋑―○　㋒―ナトリウムイオン　⑧㋐―○　㋑―○　㋒―末しょう神経系　⑨㋐―○　㋑―恒常性　㋒―○　⑩㋐―脊髄（のみ）　㋑―脳と脊髄　⑪㋐―縮小　⑫㋐―○　⑬㋐―自律神経系　㋑―○　⑭㋐―○　㋑―○　㋒―○　㋓―○　⑮㋐―神経分泌細胞　㋑―○　⑯㋐―○　㋑―○　㋒―脳下垂体前葉　㋓―○　㋔―負

2-3　血糖濃度・体温などの調節

まとめ & チェック｜次の文章や図中の空欄に適語を入れよ。

1 ●―血糖濃度の調節

●健康なヒトの血糖濃度（血糖量）は，（①　　　　　　　　）として約（②　　　　）％（100mg／血しょう 100mL）に維持されている。極端に血糖濃度が低下すると脳の機能が低下してしまうが，血糖濃度が高くなりすぎると，原尿中に過剰の（①）がろ過され，その全量を細尿管から再吸収することができなくなり，（③　　　　　）病を発症してしまう。

　・食後などの血糖濃度が高いときの調節……血糖濃度の上昇の情報は，視床下部で受容されて（④　　　　　　　　）を経由してすい臓ランゲルハンス島（⑤　　　　　　）に，あるいは（⑤）自身に直接受容される。（⑤）から分泌される（⑥　　　　　　　　）は，細胞内への（①）の取り込みや消費，（⑦　　　　　）や筋肉での（⑧　　　　　　　　）合成を促し，血糖濃度を（⑨　　　　　　）させる。

　・激しい運動後などの血糖濃度が低いときの調節……血糖濃度の下降の情報は，視床下部から（⑩　　　　　　　）経由で，あるいは直接に，すい臓ランゲルハンス島（⑪　　　　　　）に伝えられ，（⑫　　　　　　）が分泌される。また，副腎（⑬　　　　）は，接続する（⑩）に刺激され，（⑭　　　　　　　　）を分泌する。（⑫）や（⑭）は，（⑦）などに作用して（⑧）を（①）に分解することで血糖濃度を上昇させる。副腎皮質から分泌される（⑮　　　　　　　　　）は，（⑯　　　　　　）からの（①）合成を促進するように作用する。また，脳下垂体前葉からの成長ホルモンも血糖濃度の上昇に働く。

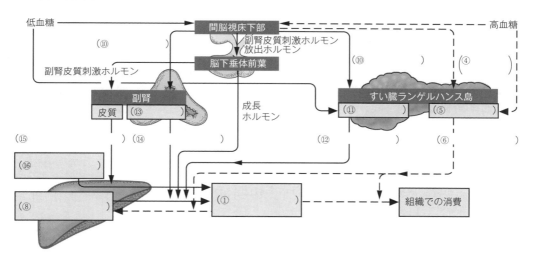

●（③）病は血糖濃度のバランスが崩れ，血糖濃度が常に（⑰　　）い状態になる疾患である。インスリンの分泌量が低下する（⑱　　　　　）と，インスリンが作用しにくくなる（⑲　　　　　）がある。（③）病患者の95％以上は（⑲）で，運動不足や食べ過ぎなどの生活習慣の影響が大きい。

2 ●―体温の調節

●鳥類や哺乳類などの恒温動物では，体温を一定に保つしくみが発達している。

　・寒冷時の調節……副腎髄質からの（①　　　　　　　　），副腎皮質からの（②　　　　　　　　），甲状腺からの（③　　　　　　）などの作用で，（④　　　　）や骨格筋における（⑤　　　　　　）が（⑥　　　　　）する。さらに，（⑦　　　　　　　　）によって心臓の拍動が（⑧　　　　　　）され，血流に乗って熱が運搬される。（⑦）は，皮膚血管を（⑨　　　　　）させ，体表からの（⑩　　　　　　　　）を（⑪　　　　　）させるとともに，（⑫　　　　　　）を収縮させる。

・暑熱時の調節……肝臓や筋肉の活動を促進するようなホルモンの分泌が抑制され，（⑤）は減少する。また，（⑦）は（⑬　　）からの発汗を促し，皮膚血管は（⑭　　）しているので，体表からの（⑩）は増加する。またこのとき，（⑫）は弛緩している。

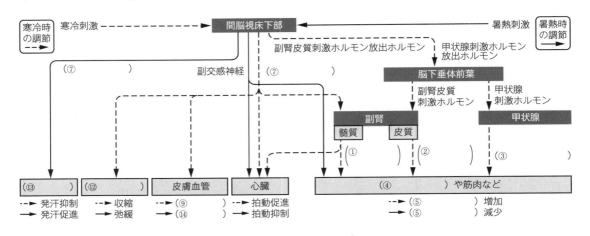

一問一答 正誤 問題　次の各文のそれぞれの太字について，正しい場合は○を，誤っている場合には正しい語句を記せ。

□① 健康なヒトの血糖濃度（血糖量）は，グルコースとして㋐**約1%**程度に維持されている。これを大きく上回ると，腎臓での再吸収能力を上回るろ過量となり，㋑**糖尿**を生じる。

□② ㋐**グリコーゲンを分解**することで血糖濃度を㋑**上昇**させるインスリンは，㋒**すい臓ランゲルハンス島B細胞**から分泌される。

□③ 血糖濃度が低下すると，㋐**副交感神経**の作用で，㋑**副腎皮質**からアドレナリン，㋒**すい臓ランゲルハンス島A細胞**からグルカゴンが分泌され，㋓**肝臓**でのグリコーゲンの㋔**分解**が促される。

□④ 血糖濃度の㋐**低い状態**が続くと，尿に㋑**グルコース**が排出されるようになる。このような症状の出る疾患が㋒**糖尿病**で，1型と2型に分けられる。そのうち，運動不足や食べすぎなど，生活習慣の影響が大きいのは㋓**1型**である。

□⑤ 血糖濃度の上昇に働くホルモンには㋐**アドレナリン**，㋑**インスリン**，㋒**糖質コルチコイド**など数種類があるが，低下に働くホルモンは㋓**グルカゴン**1種類のみである。

□⑥ ㋐**副腎髄質**から分泌されるホルモンの一つである糖質コルチコイドは，㋑**タンパク質**を分解してグルコースにする，組織での熱生産を㋒**抑制**するなどの働きをもつ。

□⑦ 寒冷時には，㋐**副交感神経**の作用で立毛筋や皮膚血管が㋑**収縮**し，熱の㋒**生産**は抑制される。

□⑧ 暑熱時には，㋐**交感神経**の作用で発汗が促進され，㋑**副交感神経**の作用で㋒**腎臓**や筋肉での熱の㋓**放散**が抑制される。

2—4　免疫

まとめ ＆ チェック｜次の文章や図中の空欄に適語を入れよ。

1) ●—物理・化学的防御

●皮膚の表面は角質で覆われているため，病原体は体内に侵入しにくい。また，気管支では（①　　　　　）によって異物が細胞に付着するのを防ぎ，（②　　　　　）の働きで異物を体外に送り出している。

●胃液は強い（③　　　　　）で，食物中の細菌類の増殖を抑えることに役立つ。また，涙や汗の中には（④　　　　　）という酵素が含まれ，細菌のもつ細胞壁を破壊する働きをもつ。

2) ●—自然免疫と獲得免疫

●自己を構成する成分と非自己である異物を区別し，異物を排除するしくみは（①　　　　　）とよばれる。（①）に関係する細胞は，B細胞とT細胞に分類される（②　　　　　），マクロファージ（単球），好中球のような顆粒球（顆粒白血球），（③　　　　　）に大別される。

●生まれながらにして備わり，不特定のものに対して働く（①）は（④　　　　　）とよばれる。これには，好中球やマクロファージが示す，微生物などの異物に対する（⑤　　　　　）のほか，（①）に関係する細胞の働きを助ける炎症などがある。

●生後に接触した異物に対して，後天的にもつようになる（①）は（⑥　　　　　）とよばれる。これは，異物に対する（②）の働きの違いから，（⑦　　　　　）と細胞性免疫に分けられる。

3) ●—体液性免疫

●体内に侵入し，非自己と認識され排除される異物は，（①　　　　　）という。物理・化学的防御により，基本的に（①）は体内に入らないようにくふうされているが，数々の障壁を打ち破って（①）が体内に侵入すると，B細胞のつくる（②　　　　　）による（①）排除のしくみである（③　　　　　）が発動される場合がある。

・体内に侵入した（①）を，樹状細胞や（④　　　　　）が取り込み，分解された（①）の一部はその細胞上に提示される。これを（⑤　　　　　）という。

・提示された（①）は，（⑥　　　　　）によって認識され，その（①）に対応する（②）をつくることができる（⑦　　　　　）の増殖と活性化を引き起こす。増殖した（⑦）は（⑧　　　　　）となり，多量の（②）を体液中に分泌するようになる。

・（②）は（⑨　　　　　）とよばれるタンパク質で，特定の（①）と特異的に結合する（⑩　　　　　）を起こす。これによって，（①）は不活性化されたり，マクロファージなどの食作用を受けやすくなる。

・一部のリンパ球は（⑪　　　　　）として残り，二度目以降の同種の（①）の侵入に備える。そのため1回目の免疫反応（一次応答）よりも，2回目の免疫応答である（⑫　　　　　）は，すばやく多量の（②）産生が起こるなどして，一度かかった病気にはかかりにくいか，かかっても軽くすむこととなる。

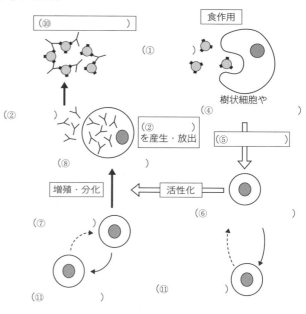

4 ●―細胞性免疫

●細菌が細胞内部に侵入したり，（①　　　　　　　）に感染したりした自分の細胞に対しては，
（②　　　　　　　　　　　）などのリンパ球などが直接に作用してそれらを排除する。このような免疫機構
は，体液中の抗体がかかわる体液性免疫と区別して（③　　　　　　　　）とよばれる。（③）は，がん細
胞の排除や移植組織の拒絶反応にも働く。

・感染細胞表面の抗原の情報が，樹状細胞や（④　　　　　　　　　）によって，（⑤　　　　　　　　　　）
　に提示される。

・（⑤）は，その抗原に対応する（②）を増殖させたり，（④）を活性化させたりする。

・（②）は，細菌やウイルスに感染した細胞の表面に現れた抗原を認識して直接攻撃して排除する。活性化された（④）は食作用によって感染細胞を排除する。

・体液性免疫同様，一部のT細胞は，（⑥　　　　　　　）として体内に残る。そのため，結核菌に感染した経験があるヒトに，結核菌のつくるタンパク質を皮膚に注射すると，T細胞がただちに活性化して赤くはれ上がる。（⑦　　　　　　　　）反応はこのしくみを利用して結核菌に対する記憶細胞の有無を調べる検査である。

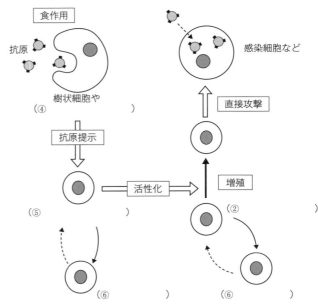

5 ●―免疫と病気

●ツベルクリン反応が陰性のヒトに，弱毒化した結核菌（BCG）を注射し，人工的に（①　　　　　　　）
を獲得させることが行われる。このような，病気の予防を目的として接種されるものを
（②　　　　　　　），このような方法を（③　　　　　　）という。

●毒ヘビにかまれたときなど，あらかじめ他の動物に抗体をつくらせておき，この抗体を含む
（④　　　　）を注射して毒素を排除することが行われる。これは（⑤　　　　　　　）とよばれる。

●異物に対する免疫応答が過剰となった結果，生体に不利益をもたらすことを（⑥　　　　　　　）とい
う。（⑥）の原因となる物質を（⑦　　　　　　　）という。花粉症では花粉が（⑦）にあたる。即座に
起こる（⑥）で特に激しい症状が現れるものは（⑧　　　　　　　　）といい，ハチ毒やペニシリン
に対するものが知られている。

●ヒト免疫不全ウイルス（HIV）が（⑨　　　　　　　　　）に感染してこれを破壊するため，免疫機
能が低下して，健康なヒトでは感染しないような病原体に感染するようになる（日和見感染）。この
疾患が（⑩　　　　　　　　　　）である。

●本来免疫は，自己の体の成分に対して起こることはないが，まれに自己の体成分を抗原として免疫
反応が引き起こされてしまうことがある。これを（⑪　　　　　　　　　）といい，関節リウマチや重症
筋無力症がその例である。

答1●　①粘膜（粘液）　②繊毛　③酸性　④リゾチーム　**2●**　①免疫　②リンパ球　③樹状細胞　④自然免疫　⑤食作用　⑥獲得免疫　⑦体液性免疫　**3●**　①抗原　②抗体　③体液性免疫　④マクロファージ　⑤抗原提示　⑥ヘルパー T 細胞　⑦B 細胞　⑧抗体産生細胞　⑨免疫グロブリン　⑩抗原抗体反応　⑪（免疫）記憶細胞　⑫二次応答　**4●**　①ウイルス　②キラー T 細胞　③細胞性免疫　④マクロファージ　⑤ヘルパー T 細胞　⑥（免疫）記憶細胞　⑦ツベルクリン　**5●**　①免疫記憶　②ワクチン　③予防接種　④血清　⑤血清療法　⑥アレルギー　⑦アレルゲン　⑧アナフィラキシー　⑨ヘルパー T 細胞　⑩後天性免疫不全症候群（AIDS）　⑪自己免疫疾患

一問一答 正誤 問題　次の各文のそれぞれの太字について，正しい場合は○を，誤っている場合には正しい語句を記せ。

□①　物理・化学的防御は**⑦体表面**で，自然免疫や獲得免疫は**⑦体内**で，働いている。**⑦抗原との接触なしに生得的に備わる**自然免疫では，**⑦マクロファージや顆粒球のうちの好中球**が中心的に働く。

□②　涙や汗に含まれる**⑦カタラーゼ**という酵素には，細菌の**⑦細胞膜**を破壊する作用がある。

□③　マクロファージや好中球などある種の白血球が行う，病原菌や異物を取り込んで消化，分解する働きを**分解作用**という。

□④　獲得免疫には**⑦白血球の一種である**リンパ球が深く関係している。獲得免疫には，**⑦体液性免疫**と**⑦細胞性免疫**があり，いずれにも**⑦樹状細胞**や**⑦マクロファージ**が働いている。

□⑤　体液性免疫の過程では，**⑦ヘルパー T 細胞**の作用で**⑦キラー T 細胞**が**⑦抗体産生細胞**に分化し，これから産生される抗体が抗原と**⑦抗原抗体反応**を起こし，抗原が排除される。抗体は**⑦免疫グロブリン**とよばれる**⑦脂質**である。

□⑥　細胞性免疫の過程では，抗原提示を受けた**⑦ヘルパー T 細胞**が**⑦B 細胞**を活性化させる。これが抗原を**⑦直接に攻撃**することや**⑦マクロファージの示す食作用**などによって抗原が排除される。

□⑦　体液性免疫では記憶細胞が形成されるが，**細胞性免疫では記憶細胞は形成されない**。

□⑧　**⑦ツベルクリン反応**，**⑦ウイルス感染細胞の除去**，**⑦移植片の拒絶反応**は，細胞性免疫によって引き起こされる。

□⑨　ヘビ毒の排除に用いられる**血しょう**には，毒素の抗原に対する抗体が含まれる。

□⑩　弱毒化した病原体などの注射によって記憶細胞を備わらせる病気の予防方法は**⑦血清療法**という。他の動物のつくった毒素などに対する抗体を利用した治療方法で用いられるのは**⑦ワクチン**である。

□⑪　過剰な抗体産生など過度な免疫反応の結果，生体に病的な症状が引き起こされることを**⑦アレルギー**という。また，この原因となる物質を**⑦アレルゲン**という。

□⑫　ヒト免疫不全ウイルスは，**⑦B 細胞**に感染してこれを破壊する。そのため，**⑦体液性免疫の機能は低下させるが細胞性免疫の機能は低下させない**。

□⑬　HIV は**ヒト免疫不全ウイルス**を意味する。

□⑭　自己の体成分に対して免疫応答が生じてしまう疾患を**⑦自己免疫疾患**という。**⑦後天性免疫不全症候群**はこの代表的な例である。

答　①⑦―○　⑦―○　⑦―○　⑦―○　②⑦―リゾチーム　⑦―細胞壁　③食作用　④⑦―○　⑦―○　⑦―○　⑦―○　⑦―○　⑤⑦―○　⑦―B 細胞（B リンパ球）　⑦―○　⑦―○　⑦―○　⑦―タンパク質　⑥⑦―○　⑦―キラー T 細胞　⑦―○　⑦―○　⑦細胞性免疫でも記憶細胞は形成される　⑧⑦―○　⑦―○　⑦―○　⑨血清　⑩⑦―予防接種　⑦―血清　⑪⑦―○　⑦―○　⑫⑦―ヘルパー T 細胞　⑦―体液性免疫，細胞性免疫ともに機能を低下させる　⑬○　⑭⑦―○　⑦―関節リウマチ，重症筋無力症など

3-1 植生と遷移

まとめ & **チェック** ｜ 次の文章や図中の空欄に適語を入れよ。

1 ●─さまざまな植生

●ある地域に生活する植物や動物など，すべての生物の集団を（①　　　　　　）とよぶ。陸上の（①）の場合，そこに成立する（②　　　　　）に依存して成り立つ。

●年間降水量が（③　　　　）地域は，樹木が密にはえた（④　　　　　）となる。年間降水量が（⑤　　　　　）地域は，主に草本植物からなる（⑥　　　　　）となる。極端に年間降水量が（⑤）地域や気温が（⑦　　　　）地域は，植物がまばらにしかみられない（⑧　　　　　）となる。

2 ●─植生の成り立ち

●生物の生活に影響を及ぼしている外界を，その生物にとっての（①　　　　）という。（①）は，温度・光・大気・水・土壌などの（②　　　　　　　）と，その生物に影響を与える同種または異種の生物からなる（③　　　　　　）に分けられる。

●植物は，それぞれの生育する（①）に（④　　　　）した生活様式と形態をもち，これを（⑤　　　　　）という。

・ラウンケルによる休眠芽（冬芽）の位置による分け方……地上植物，地表植物，半地中植物，地中植物など
・葉の形態による分け方……広葉樹，針葉樹など
・冬期や乾季に落葉するかどうかによる分け方……落葉樹，常緑樹

●よく発達した森林には，高さごとの光量に応じた（⑥　　　　　）がみられる。（⑦　　　　）から林床に向かって，高木層，（⑧　　　　）層，低木層，（⑨　　　　）層，コケ層（地表層）が認められる。

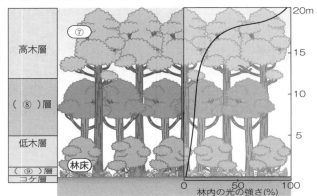

●土壌は，岩石が水，温度，空気などの影響を受けて（⑩　　　　）したものと，植物の遺骸などの（⑪　　　　）が土壌中の微生物によって分解されたものからできる。森林の土壌は，地表から，落葉や枯れ枝（リター）などでできた層，落葉や枯れ枝が微生物による分解を受けた（⑪）（腐植）に富む層，母材（母岩）とよばれる岩石が風化した（⑪）に乏しい層，（⑩）前の岩石の層の順に並ぶ。

3 ●─遷移

●光の強さと光合成などの関係は，右のようなグラフで示されることが多い。

●（①　　　　　　）とは，光合成速度が呼吸速度と釣り合って，見かけの光合成速度が0となる光の強さ，（②　　　　　）とは，これ以上光を強くしても光合成速度が大きくならない光の強さのことである。

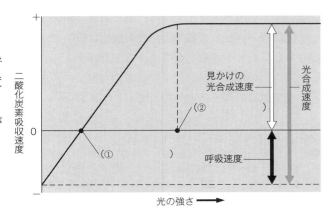

●日なたで生育する陽生植物（陽樹）は（②　　　）が（③　　　　）く，最大光合成速度が（④　　　　）いため，強光下での見かけの光合成速度が大きく，有利に生育できる。日かげで生育する陰生植物（陰樹）は呼吸速度が（⑤　　　　）く，（①）が（⑥　　　）いため，弱光下でも見かけの光合成速度が大きくなりやすく，効率的に生育できる。

●遷移の分類

- ・（⑦　　　　　　）遷移……噴火によって流れ出た溶岩台地，新しく隆起した島などのような，植生や（⑧　　　　　　）が存在しない状態から始まる。（⑧）の形成や植物の侵入に時間がかかるため，（⑨　　　　　　　　）に到達するまでの時間がかかる。
- ・（⑩　　　　　）遷移……放棄された耕作地，山火事の跡地，伐採された森林の跡地などのような，（⑧）やその中に含まれる植物種子などが存在した状態から始まる。（⑧）が初めからあり，存在する植物種子や地下茎の生育に必要な水や養分が供給されるため，（⑦）遷移に比べて極相に到達するまでの時間が短い。

●遷移系列と遷移の要因

- ・裸地への植物などの侵入……乾燥や貧栄養に耐える（⑪　　　　　　　　　　）（コケ植物や地衣類）が裸地に侵入する。
- ・草原への遷移……コケ植物や地衣類の遺骸の蓄積や岩石の風化によって（⑧）が形成されると，成長の速い草本植物が侵入する。根が岩石の風化を促進する作用も加わり，さらに（⑧）が発達する。
- ・（⑫　　　　　）林の成立……強い光が得られる草原には，木本植物が侵入し，低木林となる。その後，強光下で成長の速い（⑫）の林が形成される。
- ・（⑫）林〜（⑬　　　　　）林への遷移……（⑫）林が発達し，林内の光が（⑭　　　　　）すると，（①）の（③）い（⑫）の芽ばえは生育しにくくなるが，（⑬）の芽ばえは（①）が（⑥）いため生育できる。そのため，混交林を経て，（⑬）林へと変化する。
- ・（⑬）林の維持……（⑬）林内もかなり暗いが，（⑬）の芽ばえが林床に生育できるため，構成種はほとんど変化しなくなる。このような状態は（⑨）とよばれる。

〔日本の暖温帯における一次遷移（照葉樹林に至る遷移系列）の例〕

裸地──→荒原（コケ植物，地衣類）──→草原（エノコログサ，ススキ，イタドリなど）──→低木林（ヤシャブシ，ウツギなど）──→（⑫）林（アカマツなど）──→（⑫）と（⑬）の混交林──→（⑬）林（スダジイ，アラカシなど）

●高木の枯死や倒木によって形成される明るい空き地は（⑮　　　　　　）とよばれる。生じた（⑮）が（⑤）い場合，林床に差し込む光が弱いため，すでに下層に生育していた（⑬）の幼木が（⑮）を埋める。生じた（⑮）が（④）い場合，林床に差し込む光が強いため，土壌中にあった種子や外部から飛来した種子が発芽して，（⑫）が（⑮）を埋める。このような（⑮）における，森林を構成する樹木の入れ替わりを（⑯　　　　　　　）という。

●陸地から始まる（⑰　　　　　　）に対して，湖沼などから始まり，陸上の植生へ変化する遷移は（⑱　　　　　　）とよばれる。土砂の流入や植物遺骸の蓄積によって，水深が浅くなり（⑲　　　　　）となって，乾燥化が進んで（⑳　　　　　）となった後は，（⑰）と同じ過程をたどる。

答 1●　①バイオーム（生物群系）　②植生　③多い　④森林　⑤少ない　⑥草原　⑦低い　⑧荒原　**2●**　①環境　②非生物的環境　③生物的環境　④適応　⑤生活形　⑥階層構造　⑦林冠　⑧亜高木　⑨草本　⑩風化　⑪有機物
3●　①光補償点　②光飽和点　③高　④大き　⑤小さ　⑥低　⑦一次　⑧土壌　⑨極相（クライマックス）　⑩二次
⑪先駆植物（パイオニア植物）　⑫陽樹　⑬陰樹　⑭減少　⑮ギャップ　⑯ギャップ更新　⑰乾性遷移　⑱湿性遷移　⑲湿原　⑳草原

一問一答 正誤 問題 次の各文のそれぞれの太字について，正しい場合は○を，誤っている場合には正しい語句を記せ。

□① 陸上のバイオームは**ア植生に依存的**である。年間降水量が多く，気温も十分であれば**イ森林**が成立するが，これよりもやや**ウ気温が低い**と草原が成立する。

□② 環境は，**ア生物的環境と非生物的環境**に分けられ，後者には**イ温度**，**ウ光**，**エ大気**，**オ水**，**カ土壌**などがあげられる。ある地域にどのような生物が生活できるのかは，**キ非生物的環境による影響**を受け，植物はそれぞれの環境に適応した生活様式と形態をもつ。これを**ク生活形**という。

□③ よく発達した森林には，**ア林床**から**イ林冠**にかけて，高木層，亜高木層，**ウコケ層（地表層）**，**エ草本層**，**オ低木層**の順に，階層構造が発達する。

□④ 森林土壌は，**ア母材（母岩）**とよばれる岩石が風化したものと，植物遺骸などの**イ無機物**から構成される。地表に**ウ近い層**の土壌ほど，無機物が占める割合が高い。

□⑤ 植物は，光補償点の光の強さでは，**ア光合成速度**が0となっている。光飽和点以上の光の強さを与えても，**イ光合成速度**も**ウ見かけの光合成速度**もそれ以上大きくならない。

□⑥ 陽生植物に比較して，陰生植物は光補償点が**ア高く**，**イ弱光下**での生育に適している。反対に，陰生植物に比較して陽生植物は**ウ光飽和点が高い**ため，**エ強光下**での生育に有利である。

□⑦ 山火事など，それまでにあった地上の植生がすべて失われた状態から始まる遷移は，**一次遷移**とよばれる。

□⑧ 二次遷移では，土壌の形成や植物の侵入に要する時間が，一次遷移に比較して**ア長い**ため，極相に到達するまでの時間が**イ長い**。

□⑨ 日本の一般的な一次遷移の場合，裸地から極相までは，**ア土壌の発達**に伴って，**イ草原**，**ウ荒原**と遷移し，その後，低木林，高木からなる**エ陰樹林**，**オ陽樹林**の順に進む。

□⑩ 陽樹林の林床は暗く，陽樹の芽ばえは**ア生育しにくい**が，陰樹の芽ばえは**イ生育しやすい**。そのため，しだいに**ウ陰樹が優勢**となり**エ陰樹林**へと遷移する。陰樹林の林床もかなり暗いが，**オ陰樹の芽ばえは生育できる**ため，陰樹林は比較的安定に維持される。

□⑪ 陰樹林にギャップが形成された場合，**ア大きな**ギャップではそこに生育していた陰樹の幼木がギャップを埋め，陰樹林は維持される。一方，**イ小さな**ギャップでは差し込んだ光によって陽生植物が生育することとなり，陽生植物からなる植生となる。

□⑫ 湿性遷移の初期段階では，土砂の流入や有機物の蓄積によって，**ア水深が浅くなり**，**イ乾燥化**が進む。その後の遷移の過程は乾性遷移の場合と**ウ大きくかわらない**。

答 ①ア―○　イ―○　ウ―年間降水量が少ない　②ア―○　イ―○　ウ―○　エ―○　オ―○　カ―○　キ―○　ク―○　③ア―林冠　イ―林床　ウ―低木層　エ―○　オ―コケ層（地表層）　④ア―○　イ―有機物　ウ―遠い　⑤ア―見かけの光合成速度　イ―○　ウ―○　⑥ア―低く　イ―○　ウ―○　エ―○　⑦二次遷移　⑧ア―短い　イ―短い　⑨ア―○　イ―荒原　ウ―草原　エ―陽樹林　オ―陰樹林　⑩ア―○　イ―○　ウ―○　エ―○　オ―○　⑪ア―小さな　イ―大きな　⑫ア―○　イ―○　ウ―○

3−2 気候とバイオーム

まとめ & チェック | 次の文章や図中の空欄に適語を入れよ。

1 ●─いろいろなバイオーム

●植生の外観上の様子を（①　　　　　）
とよぶ。植生を構成する植物のうち,
占有している面積が大きく（①）を決定
づけている種を（②　　　　　）という。
●ある地域のバイオームがどのような
ものになるかは,（③　　　　　　）
と年間降水量によく対応している。

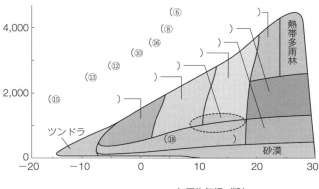

●いろいろなバイオームの特徴

	気候	バイオームの名称	特徴	代表的な植物	主な成立地域
森林	（亜）熱帯	熱帯多雨林	多様な（④　　　）広葉樹などから構成。よく（⑤　　　　　）が発達。	フタバガキの仲間, ラン類など	南米のアマゾン川流域, 東南アジアの島嶼部
		（⑥　　　　　）	熱帯多雨林が成立する地域よりも冬期に気温が低下する。熱帯多雨林よりも樹高が低い。	河口付近には（⑦　　　　　）林が成立することもある。アコウ, ガジュマルなど	日本では, 沖縄や九州の南端に分布
		（⑧　　　　　）	葉を落として乾季を乗り越える落葉（⑨　　　　）樹が主	チークなど	タイ北部, インドなど（雨季・乾季のある地域）
	暖温帯	（⑩　　　　　）	（⑪　　　　　）層が発達した葉をもつ（④）広葉樹が主である。	カシ類, シイ類, タブノキなど	日本では, 九州から関東地方にかけての暖温帯
		（⑫　　　　　）	水分の蒸発を防ぐ, 小型で厚く硬い葉をもつ。	オリーブ, コルクガシ, ゲッケイジュなど	地中海沿岸など（夏に乾燥し, 冬に雨が多い地域）
	冷温帯	（⑬　　　　　）	葉を落として冬を乗り越える（⑭　　　　）広葉樹が主である。	ブナ, ミズナラ, カエデ類など	日本では, 東北から北海道南部にかけての冷温帯
	亜寒帯	（⑮　　　　　）	（④）の針葉樹が中心だが, 中には（⑭）性のものもある。構成樹種は少ない。	モミ類やトウヒ類など。北海道東北部ではエゾマツ, トドマツなど	シベリアや北アメリカ。日本では, 北海道東北部など
草原	（亜）熱帯	（⑯　　　　　）	草本植物が中心だが, （⑰　　　　　）が散在する。植食性動物が豊富。	イネ科植物, アカシアなど	アフリカ中南部のほか, 南アメリカなどの熱帯地域

草原	温帯	（⑱　　　　）	草本植物が優占し，樹木はほとんどない。	イネ科植物など	ユーラシア大陸中央部，北アメリカ中央部など（降水量の少ない温帯地域）
荒原	熱帯や温帯など	砂漠	多肉植物などの，厳しい乾燥に適応した植物がわずかに生育している。	サボテン類，トウダイグサ類など	アフリカ北部，アラビア半島，中央アジアなど
	寒帯	ツンドラ（寒地荒原）	永久凍土の上に，わずかな種類の植物が生育。低温のため，土壌中の落葉などの分解が進みにくい。	コケ植物，地衣類，コケモモなど	北極圏など

●日本のような湿潤な地域では，成立するバイオームはおもに気温によって決まる。植物が生育できる最低温度を5℃と考え，月平均気温が5℃以上の各月について，その月の平均気温から（⑲　　　　）℃を差し引いた値を求め，それらの一年分を足し合わせたものを（⑳　　　　　　　）という。これから，形成されるバイオームを推測することができる。

2 ●—日本のバイオームの分布

●日本は，どこでも森林が成立するのに十分な（①　　　　　　）があるため，バイオームの成立はおもに（②　　　　）だけに依存する。したがって，日本のバイオームは，緯度と標高に応じた気温変化に伴って変化する。

●（③　　　　　）分布……緯度変化による（②）変化で，バイオームが移りかわる様子。

●日本列島は南北に長く，低緯度地域の（②）は高く，高緯度地域の（②）は低い。

●（④　　　　　）分布……高度変化による（②）変化で，バイオームが移りかわる様子。右下の図は，本州中部の場合。

●（⑤　　　　　　　）より標高が高いところでは，低温と強風のため森林は形成されない。

●高標高のところでは（②）が低下する傾向にある。同じ緯度の地域で約100m高度を上昇させると，（②）は約0.6℃低下する（（②）の低減率）。

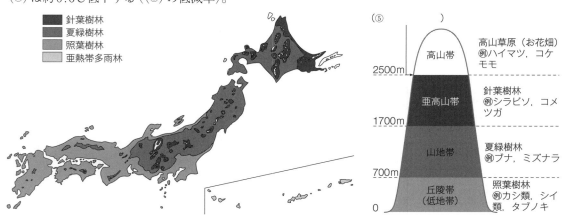

●針葉樹林
●夏緑樹林
●照葉樹林
●亜熱帯多雨林

（⑤　　　　）

高山帯　高山草原（お花畑）㊀ハイマツ，コケモモ
2500m
亜高山帯　針葉樹林㊀シラビソ，コメツガ
1700m
山地帯　夏緑樹林㊀ブナ，ミズナラ
700m
丘陵帯（低地帯）　照葉樹林㊀カシ類，シイ類，タブノキ
0

答 1●　①相観　②優占種　③年平均気温　④常緑　⑤階層構造　⑥亜熱帯多雨林　⑦マングローブ　⑧雨緑樹林　⑨広葉　⑩照葉樹林　⑪クチクラ　⑫硬葉樹林　⑬夏緑樹林　⑭落葉　⑮針葉樹林　⑯サバンナ　⑰樹木（木本）　⑱ステップ　⑲5　⑳暖かさの指数　**2●**　①降水量　②気温　③水平　④垂直　⑤森林限界

| 一問一答 正誤 問題 | 次の各文のそれぞれの太字について，正しい場合は○を，誤っている場合には正しい語句を記せ。 |

□① 世界的には，ある地域にどのようなバイオームが成立するかは，㋐**年平均気温**と㋑**年間降水量**によって決定されるが，日本の場合は，㋒**年間降水量**が大きな影響をもつ。

□② 亜熱帯多雨林は，熱帯多雨林に比較して，㋐**高木層の発達**がやや悪い。日本では，㋑**ガジュマル**などが，亜熱帯多雨林のおもな構成樹種である。

□③ ㋐**温帯**地域のうち，乾季がありやや乾燥気味のところには，雨緑樹林が成立する。乾季に落葉する㋑**チークやコクタン**が代表樹種である。

□④ ㋐**地中海沿岸**などでは，オリーブのような小型で厚く硬い葉をつける樹木からなる㋑**硬葉樹林**が成立する。

□⑤ 日本における㋐**夏緑樹林**では，ブナ，ミズナラなどの㋑**常緑**㋒**広葉樹**が優占している。

□⑥ 日本における㋐**照葉樹林**では，アカガシ，タブノキなどの㋑**落葉**㋒**広葉樹**が優占している。㋓**クチクラ層が発達**した葉をつけるものが多い。

□⑦ 寒冷な北海道東北部には針葉樹林が成立している。㋐**アカマツ**などの㋑**常緑の針葉樹**が中心的である。

□⑧ ㋐**熱帯**地域に成立する草原はステップ，㋑**温帯**地域に成立する草原はサバンナである。㋒**ステップ**はイネ科草本が中心的であるが，背がそれほど高くない木本がみられることが他方との違いである。

□⑨ 砂漠には，乾燥に耐える**多肉植物**などがわずかに生育する。

□⑩ ㋐**ツンドラ**は永久凍土の上に成立することが多い。ここで生育できるものは，㋑**コケ植物**，地衣類，コケモモなどに限られている。

□⑪ 平地で比較したバイオームの地理的分布を㋐**平面分布**，ある地域における，標高によるバイオームの分布を㋑**垂直分布**という。

□⑫ 本州中部の垂直分布では，丘陵帯に㋐**夏緑樹林**，山地帯に㋑**照葉樹林**，亜高山帯に㋒**針葉樹林**が成立する。森林限界よりも高標高では，風雪などのため森林は成立せず㋓**高山草原**となる。

□⑬ 高山草原を構成する植物には，㋐**ハイマツ，コケモモ**などがある。高山草原は，本州中部では，おおよそ㋑**標高2500m以上**に成立している。

□⑭ 日本列島における水平分布では，沖縄などに㋐**亜熱帯多雨林**，九州から関東にかけて㋑**照葉樹林**，東北から北海道南部にかけて㋒**針葉樹林**，北海道東北部には㋓**夏緑樹林**が成立する。

答 ①㋐—○　㋑—○　㋒—年平均気温　②㋐—○　㋑—○　③㋐—熱帯　㋑—○　④㋐—○　㋑—○　⑤㋐—○　㋑—落葉　㋒—○　⑥㋐—○　㋑—常緑　㋒—○　㋓—○　⑦㋐—エゾマツ，トドマツなど　㋑—○　⑧㋐—温帯　㋑—熱帯　㋒—サバンナ　⑨○　⑩㋐—○　㋑—○　⑪㋐—水平分布　㋑—○　⑫㋐—照葉樹林　㋑—夏緑樹林　㋒—○　㋓—○　⑬㋐—○　㋑—○　⑭㋐—○　㋑—○　㋒—夏緑樹林　㋓—針葉樹林

3―3 生態系と生物どうしの関わり

まとめ & **チェック** 次の文章や図中の空欄に適語を入れよ。

1) ●―生態系の構成

●環境要因

生物的環境

(①) ……無機物から (②) をつくり出す。
(例) 植物など

(③) …… (①) のつくった (②) を直接あるいは間接に利用する。
(例) (④)

(⑤) ……生物の遺骸や排出物を無機化する (③)。
(例) 多くの細菌類, (⑥)

(⑦) ……温度, 光, 水, 大気, 土壌など

●物質循環などの観点から, 生物的環境と非生物的環境を一つのまとまりとしてとらえるとき, これを (⑧) とよぶ。

● (⑧) 内で, 非生物的環境が生物に与えるさまざまな影響を作用といい, 生物の非生物的環境に及ぼす影響は (⑨) という。

2) ●―生物の多様性

●地球上にはさまざまな環境をもつ生態系があり, そこにはさまざまな (①) が存在する。このように多様な生物が存在することを (②) という。多様な (①) が存在する場合に種の多様性が高いという。種の多様性の高さは, 種数の多さだけでなく, それぞれの種の個体数のかたよりも考慮される。種の多様性が高い (③) は, 安定していることが多い。

● (②) の保護を目的とした国際的な取り決めとして, 1992年に (④) が採択されている。この条約では, (②) の保全, (②) の構成要素の持続可能な利用, 遺伝子資源から得られる利益の公正で公平な配分などが掲げられている。

3) ●―生物どうしのつながり

●消費者のように, ある生物が他の生物を食べることを (①) といい, 食べられることを (②) という。(①) を行う生物を (③) といい, (②) される生物を (④) という。(③) と (④) の個体数の間には, (③) が増えると (④) が減り, (④) が減ると (③) も減り, やがて (④) が増えて (③) も増えるというような変動を繰り返す, 周期的変化が見られる。

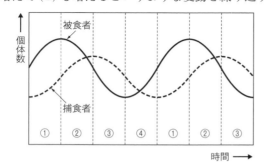

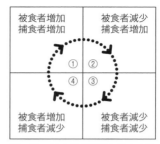

①, ②,…は左のグラフと対応する。

● (⑤) は, 無機物である (⑥) から有機物を合成する。消費者のうち, (⑤) を食べる植物食性動物は (⑦) といい, これを食べる動物食性動物は (⑧) という。生態系には, これより上位の三次消費者や四次消費者などの (⑨) がいることも多い。(⑤) や消費者の遺骸や排出物を無機物にして (⑤) に利用できる形にするのは (⑩) の働きである。

●このような，食う－食われるの関係が一連に続くことを(⑪　　　　　　　)というが，実際の生態系での(⑪)の関係は網目状に複雑になっており，これを指して(⑫　　　　　　　)という。

●食物連鎖の各段階を(⑬　　　　　　　)という。(⑬)ごとに個体数や生物量，一定期間内に獲得されるエネルギーに注目して積み重ねたものは，それぞれ(⑭　　　　　　　　)，生物量ピラミッド，生産力(エネルギー)ピラミッドといい，(⑮　　　　　　　　)と総称される。(⑮)は低次の(⑬)から高次の(⑬)にかけて基本的に数量が少なくなるが，(⑭)や生物量ピラミッドでは，逆転することもある。

●食物連鎖における種間関係の決定に重要な役割を果たす高次の捕食者は(⑯　　　　　　　　)とよばれる。ある海岸の岩礁地帯で，ヒトデが選択的にフジツボやイガイを食べる結果，低次の栄養段階の動物間での競争が緩和され，多様な種構成が維持されている例がよく知られている。

答1● ①生産者　②有機物　③消費者　④動物　⑤分解者　⑥菌類　⑦非生物的環境　⑧生態系　⑨環境形成作用(反作用)　**2●** ①生物種　②生物多様性　③生態系　④生物多様性条約　**3●** ①捕食　②被食　③捕食者　④被食者　⑤生産者　⑥二酸化炭素　⑦一次消費者　⑧二次消費者　⑨高次消費者　⑩分解者　⑪食物連鎖　⑫食物網　⑬栄養段階　⑭個体数ピラミッド　⑮生態ピラミッド　⑯キーストーン種

一問一答 正 誤 問題　次の各文のそれぞれの太字について，正しい場合は○を，誤っている場合には正しい語句を記せ。

□① 生物的環境と非生物的環境を一つのまとまりとしてとらえるとき，これを**生態系**という。

□② 生物を有機物の生産と消費の観点から分類したとき，植物などを㋐**生産者**，動物などを㋑**消費者**という。

□③ ㋐**一般の細菌や菌類**は分解者に区分され，これは生物の遺骸や排出物を㋑**無機物**にまで分解し，生産者が利用できるようにする。

□④ 多様な生物が存在することを㋐**生物多様性**といい，㋑**個体数**の多さなどで評価される。安定した生態系は，生物多様性が㋒**低い**。生物多様性の保護のため，1992年に㋓**生物多様性条約**が採択された。

□⑤ ある生物が他の生物を食べることを㋐**被食**といい，これを行う生物を㋑**被食者**という。一方，他の生物に食べられることを㋒**捕食**といい，食べられる生物を㋓**捕食者**という。

□⑥ 捕食者と被食者の㋐**種数**の間には，互いに増減の時期がずれた㋑**周期的変化**が見られる。

□⑦ 生態系内の生物の，食う－食われるの一連の関係を㋐**食物連鎖**という。しかし，実際の関係は複雑であることから，㋑**食物網**というほうがふさわしい。

□⑧ 食物連鎖におけるそれぞれの生物の位置を**栄養段階**という。

□⑨ 植物の栄養段階は㋐**生産者**であり，植物食性動物の栄養段階は㋑**第一消費者**である。

□⑩ 栄養段階における二次消費者は**動物食性動物**である。

□⑪ 生態ピラミッドには，㋐**栄養段階**ごとにその数量を積み上げた㋑**個体数ピラミッド**や生物量ピラミッドなどがある。

□⑫ キーストーン種は，生態系の種構成を㋐**単純化**することに働く，一般に㋑**低次**の栄養段階にある生物である。

答 ①○　②㋐─○　㋑─○　③㋐─○　㋑─○　④㋐─○　㋑─生物種　㋒─高い　㋓─○　⑤㋐─捕食　㋑─捕食者　㋒─被食　㋓─被食者　⑥㋐─個体数　㋑─○　⑦㋐─○　㋑─○　⑧○　⑨㋐─○　㋑─一次消費者　⑩○　⑪㋐─○　㋑─○　⑫㋐─多様化(複雑化)　㋑─高次

3―4　生態系のバランスと保全

まとめ & チェック｜次の文章や図中の空欄に適語を入れよ。

1）●―生態系のバランス

●自然の生態系では，生物の種類や量は，変動しながらも，その幅は常に一定の範囲に保たれている。これを生態系の（①　　　　　　）という。また，生態系はいったん撹乱されても，長い間にもとのような状態に戻る。これを生態系の（②　　　　　　）という。しかし，この（②）を超えるような過度の撹乱が生じると，（①）は崩れ，以前とは異なる状態に移行する。

2）●―水界への影響

●川や海に流れ込む有機物の量が少なければ，大量の水による希釈や分解者による分解などによって，汚濁物は減少する。これは（①　　　　　　）とよばれる。

●河川における（①）

・汚水が流入すると，その中の有機物を利用して（②　　　　　）類が増殖するが，これに伴い（③　　　　）濃度が低下する。

・やや下流では，（②）類を食べるゾウリムシや低い（③）濃度でも生存できる腐水性動物（イトミミズなど）が増殖する。

・流入した有機物からのアンモニウムイオンが硝化されて生じる（④　　　　　　　）などの（⑤　　　　　　　）を利用して，やがて（⑥　　　　　）が増殖する。これには浮遊物質の減少に伴う，水の透明度の上昇も関係している。

・（⑥）の増殖によって（⑤）濃度は低下し，その行う光合成によって（③）濃度が上昇する。

・清水性動物が生息できるようになる。

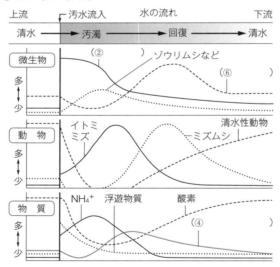

●湖沼や内湾などで，生活廃水などに由来する（⑤）が流入することで（⑦　　　　　　　）が進むことがある。植物プランクトンが異常増殖して，淡水では（⑧　　　　　　　），海洋では（⑨　　　　　）が生じる原因となる。これらは，水中の（③）濃度を減少させたり，魚類の鰓を閉塞したりすることで，生物に大きな影響を与える。

●体内で（⑩　　　　　）されにくい物質や体内から（⑪　　　　　）されにくい物質は，食物連鎖の過程を通じるなどして，周囲の環境に比較して生体内に高濃度に蓄積されることがある。このような現象を（⑫　　　　　　　）といい，かつて農薬として用いられた（⑬　　　　　）は高次の栄養段階にある鳥類の個体数を減少させるなどの悪影響をもたらした。

3 ●—大気への影響

●炭素（C）は有機物の基本骨格となる元素で，大気中にはCO_2として約（① 　　　）％含まれる。大気中のCO_2は，生産者が行う（② 　　　）などによって有機物中に取り込まれ，食物連鎖を通じて高次の栄養段階の消費者や分解者へと移動していく。この過程で，それぞれの生物が行う（③ 　　　）によって，有機物は分解されてCO_2として大気中に放出される。火山噴火や人間による石油・石炭などの（④ 　　　）の燃焼も，大気中のCO_2濃度を上昇させることにつながる。大気中のCO_2は生産者に利用されるが，近年は（④）の大量消費によって，大気中のCO_2濃度は上昇する傾向にある。

●（④）の大量消費などによって大気中の濃度が上昇している（⑤ 　　　）のほか，（⑥ 　　　）などは，太陽光によって温められた地表面からの赤外線を吸収して大気の温度を上昇させる作用をもつ。このような働きは（⑦ 　　　）といい，（⑦）をもつ気体は（⑧ 　　　）とよばれる。この（⑧）の大気中の濃度上昇によって（⑨ 　　　）が引き起こされると考えられ，極域の氷の融解や海水面の上昇などが懸念されている。なお，オゾン層の破壊に働く（⑩ 　　　）も（⑦）をもつ。

●（⑤）の排出量を減少させ，植林面積を増加させることで，大気中の（⑤）濃度の増加を抑える動きが世界的にある。1997年に開かれた京都会議では，（⑧）の排出量の削減目標が定められた。

●化石燃料の燃焼によって発生する（⑪ 　　　）や窒素酸化物は，ふつうの雨よりも強い酸性を示す（⑫ 　　　）を生じる原因となる。

4 ●—生物相の変化

●ある種の生物が死に絶えることを（① 　　　）という。種の（①）は（② 　　　）を低下させるため，（③ 　　　）のバランスを崩す要因となる。有用な遺伝を資源ととらえると，絶滅した生物がもつ遺伝子が失われるので，（④ 　　　）を失うことにもつながる。（①）の理由にはさまざまなものがあるが，人間が特定の生物やその一部を利用するため，生物の増殖速度を超えて過剰に捕獲するような（⑤ 　　　）を行ったことも影響している。

●人間の活動によって，本来の生息場所から別の場所に移されて定着した生物は（⑥ 　　　）とよばれる。日本では，北米より湖沼に移植された（⑦ 　　　）やブルーギルは，強い魚食性と繁殖力をもち，在来種の個体数を激減させるなどの問題が起こっている。また，ハブ駆除のために沖縄本島や奄美大島に移入された（⑧ 　　　）は，希少なヤンバルクイナやアマミノクロウサギを捕食してしまうなどの問題を引き起こしている。生態系や人体・農林水産業に大きな影響を及ぼす，あるいは及ぼす可能性がある生物は（⑨ 　　　）に指定され，飼育や栽培・輸入などの取り扱いが原則として禁止されている。

●地球上には多様な生態系があり，それぞれの生態系には多種多様な生物が生息している。また，同じ種類の生物の中にも個体によって遺伝的な差異がある。このような（②）が，（⑥）の侵入のほか，人間の生活活動によって損なわれつつある。特に熱帯林には多様な植物が生育し，それに依存している動物もさまざまである。しかし，東南アジアなどの熱帯林は，過度の森林伐採や（⑩ 　　　）で急速に減少している。

●（①）の恐れがある生物は，（⑪ 　　　）とよばれる。（⑪）のリストは（⑫ 　　　），また，それらをまとめた本を（⑬ 　　　）という。

5 ●—里山や干潟の生態系

●人間が生態系から受ける利益や恩恵を（① 　　　）という。（①）は，環境を形成する基盤サービスや，食料・木材などの物質供給に関係する（② 　　　），気候や環境の変化を緩和するような調整サービス，娯楽や精神の充足を与える文化的サービスなどに分けられ，人間生活において多岐にわたる恩恵をもたらしている。

●農村の人里近くにある，雑木林や草原などの一帯は（③　　　　　）とよばれる。これらは，炭を生産したり，肥料として落葉を採取したりして，人間が適度に影響を与えることで安定に維持されていた。しかし，近年は，人間の生活様式が変化することで，この人間による穏やかな撹乱がなくなり，（③）における動植物の（④　　　　　）が失われつつある。

●満潮時には海面下，干潮時には陸地になる砂泥からなる地帯を（⑤　　　　　）という。（⑤）には河川が運んできた（⑥　　　　　）を利用する多くの藻類が生息しており，それを食物にする生物も多い。また，（⑤）には，貝類やゴカイなども生息しており，水中から有機物を取り除く（⑦　　　　　）の能力が高い。日本では（⑤）は，戦後，埋め立てや干拓によって減少した。

●（⑤）のほか，湖沼や河川などの（⑧　　　　　）は，シギ類やカモ類などの渡り鳥の生息地として重要である。これを保全することなどを目的とした条約に（⑨　　　　　）がある。

答1● ①バランス（平衡）②復元力　**2●** ①自然浄化　②細菌　③酸素　④硝酸イオン　⑤栄養塩類　⑥藻類　⑦富栄養化　⑧アオコ（水の華）⑨赤潮　⑩分解　⑪排出　⑫生物濃縮　⑬DDT　**3●** ①0.04　②光合成　③呼吸　④化石燃料　⑤CO_2（二酸化炭素）⑥メタン　⑦温室効果　⑧温室効果ガス　⑨地球温暖化　⑩フロンガス　⑪硫黄酸化物　⑫酸性雨　**4●** ①絶滅　②生物多様性　③生態系　④遺伝子資源　⑤乱獲　⑥外来生物　⑦オオクチバス（ブラックバス）⑧（ジャワ）マングース　⑨焼畑　⑩絶滅危惧種　⑪レッドリスト　⑫レッドデータブック　**5●** ①生態系サービス　②供給サービス　③里山　④多様性　⑤干潟　⑥栄養塩類　⑦水質浄化　⑧湿地　⑨ラムサール条約

一問一答 正誤 問題　次の各文のそれぞれの太字について，正しい場合は○を，誤っている場合には正しい語句を記せ。

□① ⑦**分解者**による④**分解**などによって，川や海に流れ込む有機物（汚濁物）が減少する働きは⑦**富栄養化**とよばれる。

□② 河川に有機物を含む汚水が流入した場合，まず⑦**細菌による有機物分解**が進行する。これに伴い水中の酸素濃度は④**上昇**し，無機塩類は⑦**増加**する。やがて，これを利用して⑤**藻類が増加**する。

□③ 水の富栄養化が進行することで，ある種の植物プランクトンが異常に増殖することがある。これは淡水では⑦**赤潮**，海水では④**アオコ（水の華）**とよばれる。

□④ 体内で⑦**分解**されやすく，体から④**排出**されやすい物質は，食物連鎖の過程を通じるなどして，⑦**特に高次の栄養段階**の生物の体内に高濃度に濃縮されることがある。これを⑤**生物濃縮**といい，DDTや有機水銀にその例がみられた。

□⑤ 大気中のCO_2は生産者の行う⑦**光合成**などによって生物界に取り込まれ，④**食物連鎖**を通じて生物界を移動する。

□⑥ 生物体中の有機物は，それぞれの生物が行う⑦**光合成**によって④**分解**されてCO_2として大気中に放出される。

□⑦ 大気中のCO_2濃度を上昇させる要因には，⑦**化石燃料の燃焼**などがある。大気中のCO_2濃度は近年上昇傾向にあり，現在は④**約0.4%**である。

□⑧ ⑦CO_2**（二酸化炭素）**や④**メタン**などは，温室効果をもつ温室効果ガスである。これの大気中の濃度上昇によって，⑦**海水面の上昇**などが引き起こされる可能性が示唆されている。

□⑨ 化石燃料の燃焼によって発生する，⑦**リン酸化物**や④**窒素酸化物**が雨滴に溶け込むことは，酸性雨の原因になると考えられている。

□⑩　ある種の生物が死に絶えることを⑦**絶滅**といい，⑦**生物多様性**の低下や⑦**恒常性のバランス**を崩す要因となる。

□⑪　⑦**増殖速度**を超えて生物を過剰に捕獲することを⑦**乱獲**という。人間の行った乱獲が，さまざまな生物の⑦**進化**の原因となったと考えられている。

□⑫　人間が，他の地域からもち込んだ生物を⑦**外来生物**という。逃げ出したペットや貨物に種子が付着して運び込まれた植物などはこれに⑦**含まない**。

□⑬　⑦**オオクチバス（ブラックバス）**，⑦**マングース**などは，代表的な外来生物である。

□⑭　⑦**生態系のバランスを崩す外来生物**のリストをレッドリストといい，それらをまとめた本を⑦**レッドデータブック**という。

□⑮　他の生態系に比較して，熱帯多雨林は特に生物多様性が⑦**高い**。東南アジアでの熱帯多雨林の面積が減少しているおもな要因は，⑦**過度の森林伐採**や⑦**焼畑**などが原因である。

□⑯　生態系から受ける利益や恩恵を⑦**生態系サービス**といい，多岐にわたる恩恵が人間生活にもたらされている。生態系サービスは，環境を形成する⑦**基盤サービス**，物質供給に関係する⑦**調整サービス**，環境変化を調整する⑦**供給サービス**，娯楽などに関係する文化的サービスなどに分けられる。

□⑰　人里近くの雑木林などは⑦**里山**とよばれる。古くから人間の手が入ることにより⑦**破壊**されてきたが，近年は人間の生活活動による干渉がなくなることで，そこに生息する生物の多様性が⑦**高まっている**。

□⑱　干潟は，常に水面下にある湖沼や海洋に比較して，水質浄化の能力が⑦**低い**。干潟などの湿地を保護する国際条約には，⑦**ワシントン条約**がある。

答 ①⑦—○　⑦—○　⑦—自然浄化　②⑦—○　⑦—減少（低下）　⑦—○　⑤—○　③⑦—アオコ（水の華）　⑦—赤潮　④⑦—分解されにくい　⑦—排出されにくい　⑦—○　⑤—○　⑤⑦—○　⑦—○　⑥⑦—呼吸　⑦—○　⑦⑦—○　⑦—0.04 %　⑧⑦—○　⑦—○　⑦—○　⑨⑦—硫黄酸化物　⑦—○　⑩⑦—○　⑦—○　⑦—生態系のバランス　⑪⑦—○　⑦—○　⑦—絶滅　⑫⑦—○　⑦—含まれる　⑬⑦—○　⑦—○　⑭⑦—絶滅危惧種　⑦—○　⑮⑦—○　⑦—○　⑦—○　⑯⑦—○　⑦—○　⑦—供給サービス　⑤—調整サービス　⑰⑦—○　⑦—維持　⑦—失われて（低下して）　⑱⑦—高い　⑦—ラムサール条約

第1編　知識の確認
第2編　実験・考察・計算問題対策
第3編　模擬問題

第1章　生物の特徴

例題 1 ミクロメーター

細胞の観察に関する次の文章を読み，下の問いに答えよ。

タマネギの根端を適当な長さに切り取り，プレパラート標本を作製して顕微鏡で観察した。また，ミクロメーターを用いて根端細胞のおおよその大きさを調べた。図1は倍率600倍で観察した細胞の一部を模式的に示したものである。

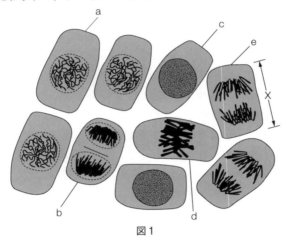

図1

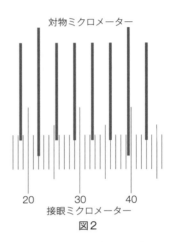

図2

問1　図1でa〜eの記号をつけた細胞のうち，分裂期にある細胞を分裂期の進行順に並べた場合，最初から3番目の細胞はどれか。次の①〜⑤のうちから一つ選べ。

①　a　　　②　b　　　③　c　　　④　d　　　⑤　e

問2　下線部について，次のア〜オは，タマネギの根のプレパラート標本を作製する際に行うべき操作を説明したものである。これらの操作を行う順番として最も適当なものを，次の①〜⑥のうちから一つ選べ。

ア　根を60℃に熱した3%塩酸に3〜4分間浸ける。

イ　根の先端から1mm程度の部分を残し，あとは捨てる。

ウ　根を酢酸とエタノールの混合液に数時間浸ける。

エ　試料に酢酸カーミンを滴下し，数分間置く。

オ　試料の上からカバーガラスをかぶせ，その上にろ紙をおいて指で強く押しつぶす。

①　ア→イ→ウ→エ→オ　　　②　ア→エ→ウ→イ→オ　　　③　イ→ア→ウ→エ→オ

④　イ→エ→ウ→ア→オ　　　⑤　ウ→ア→イ→エ→オ　　　⑥　ウ→イ→エ→ア→オ

問3　接眼ミクロメーターを用いて図1の細胞の長さXを測ると，18目盛りであった。Xの数値（μm）に最も近いものを，次の①〜⑥のうちから一つ選べ。ただし，図1と同じ倍率で観察した対物ミクロメーター（1目盛り10μm）の様子が図2に示されている。

①　180　　　②　60　　　③　50　　　④　45　　　⑤　30　　　⑥　0.3

問4　対物レンズをかえて倍率を300倍にして観察した。このとき，接眼ミクロメーター1目盛りが示す長さはどうなるか，次の①〜⑤のうちから一つ選べ。

①　2倍になる。　　　②　4倍になる。　　　③　変化しない。

④　1/2倍になる。　　　⑤　1/4倍になる。

解説……………

問1　植物（タマネギ）の体細胞分裂の過程を理解しておけば，図1よりa〜eがどの時期にあたるかわかる。

a：核膜が消失し始めており，凝縮しつつある染色体がみえていることから<u>前期</u>である。

b：両極に分かれた染色体，赤道面付近に細胞板があり，再び核膜が現れ始めていることから<u>終期</u>である。

c：凝縮した太い染色体がみえないので<u>間期</u>である。

d：凝縮した太い染色体が赤道面に並んでいるので<u>中期</u>である。

e：染色体が両極に移動しているので<u>後期</u>である。

この設問は要注意である。cは間期なので分裂期の進行順に並べるときに入れてはいけない。分裂期の進行順は，a→d→e→bとなる。よって，最初から3番目の細胞はeとなる。正解は⑤。

問2　操作のうち，**ア**は解離とよばれる処理で，細胞どうしを結びつけるのりの役割を果たしている物質を溶かし，細胞を1個1個に引きはがせるようにするための処理である。**ウ**は固定とよばれる処理で，細胞の生命活動を瞬時に停止させ，細胞内の構造を壊れにくくするための処理である。そして**エ**は染色液とよばれる薬剤により，特定の物質や構造に色をつける染色という操作である。なお，細胞分裂の過程の観察で注目するのは染色体であり，これを染色するのに適した薬剤が酢酸カーミンや酢酸オルセインである。以上の三つの操作は，固定→解離→染色の順で行う。この点を記憶できていれば，正解がみつかる。

問3　対物ミクロメーターは観察する試料をのせるステージ上に置く。対物ミクロメーターの上に試料をのせて観察することは難しい。なぜなら，観察したい細胞の長径方向と対物ミクロメーターの目盛りの方向が一致することはまれであり，細胞と対物ミクロメーターの両方にピントを合わせることも難しいからである。そこで，接眼レンズの中に接眼ミクロメーターを入れて，ステージ上の対物ミクロメーターを用いて，接眼ミクロメーターがステージ上にあると仮定したときの接眼ミクロメーター1目盛りの長さを求める。試料を観察するときは，対物ミクロメーターをステージから除いて，接眼ミクロメーターを用いて試料の長さを測る。なお，この操作は倍率をかえるたびに再び行う。本問でもまず図2から対物ミクロメーターと接眼ミクロメーターの目盛りが一致するところを探す。図2より，例えば，接眼ミクロメーターの22目盛りと29目盛りのところで，対物ミクロメーターの目盛りと一致している。つまり，接眼ミクロメーター7目盛りの長さと対物ミクロメーター2目盛りの長さが一致している。対物ミクロメーターの1目盛りは10μmなので，接眼ミクロメーター7目盛りの長さが20μmということになる。

対物ミクロメーター
2目盛り　⇒ 2×10＝20μm
7目盛り
22　　　　29
接眼ミクロメーター

よって，この倍率では，接眼ミクロメーター1目盛りの長さは，$\dfrac{2 \times 10 \mu m}{7}$となる。

図1の細胞の長さXは接眼ミクロメーター18目盛りに相当するので，Xの長さは，$X = \dfrac{2 \times 10}{7} \times 18 ≒ 51.4 \mu m$　となる。よって，この値に最も近いのは③である。正解は③。

▶Point　ミクロメーターの目盛り

接眼ミクロメーター1目盛りの長さ (μm) ＝ $\dfrac{a \times 10}{b}$

対物ミクロメーターの目盛り数（a）
接眼ミクロメーターの目盛り数（b）
一致する目盛り

問4　観察倍率が600倍から300倍と$\dfrac{1}{2}$となって，細胞やステージ上の対物ミクロメーターは$\dfrac{1}{2}$の大きさにみえるようになる。しかし，接眼レンズの中にある接眼ミクロメーターのみえ方は変化しない。対物ミクロメーターの目盛りを基準に長さを決めるので，300倍では接眼ミクロメーターの1目盛りが示す長さは2倍となる。正解は①。

解答　**問1** ⑤　　**問2** ⑤　　**問3** ③　　**問4** ①

例題 2 代謝　　　　　　　　　　　　　　　　　　　　　　　　　09　金沢工業大改●

　生物の行う物質のやりとりに関する次の文章を読み，下の問いに答えよ。

　生物は外界からいろいろな物質を取り入れて，必要な成分を合成（同化）している。また，必要に応じて合成した物質を分解（異化）している。これらの過程でエネルギーが出入りしている。このエネルギーの変化をエネルギー代謝という。同化は植物の光合成のようにおもにエネルギーを　ア　する反応であり，異化は呼吸のようにおもにエネルギーを　イ　する反応である。取り出されたエネルギーは「エネルギーの通貨」とよばれる物質（ATP）に蓄えられ，必要なときに再び取り出される。エネルギーの受け渡しを行うのはATPであり，<u>すべての生物に共通している</u>。図１にエネルギー代謝の流れを示した。

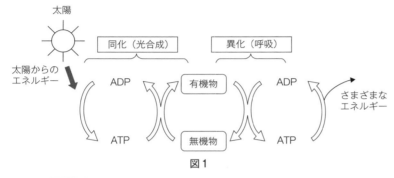
図1

問1　本文中の　ア　と　イ　に入る語は何か，最も適当な組合せを，次の①～④のうちから一つ選べ。

	ア	イ
①	放出	放出
②	放出	吸収
③	吸収	放出
④	吸収	吸収

問2　図２は，ATPの構造を模式的に示したものである。図２の　ウ　・　エ　に該当する物質の組合せとして適当なものを，次の①～④のうちから一つ選べ。

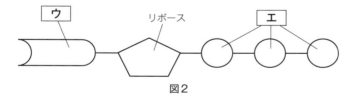
図2

	ウ	エ
①	リン酸	アデニン
②	アデニン	リン酸
③	リン酸	グアニン
④	グアニン	リン酸

問3　下線部について，すべての生物に共通する特徴として不適当なものを，次の①～④のうちから一つ選べ。

①　細胞膜をもつ　　②　DNAをもつ　　③　酵素をもつ　　④　ミトコンドリアをもつ

解説・・・・・・・・・・・・・・

問1　生体内では多くの物質を合成したり分解したりする反応が繰り返されており，これを代謝という。一般に，簡単な物質から複雑な物質を合成する過程を同化といい，エネルギーを吸収する反応である。同化の代表的な例が，光エネルギーを吸収する光合成である。また，水と二酸化炭素のような無機物から有機物をつくる同化を特に炭酸同化といい，炭酸同化できる生物を独立栄養生物，できない生物を従属栄養生物という。一方，複雑な物質を簡単な物質に分解する過程を異化といい，エネルギーを放出する反応である。異化の代表的な例が呼吸である。生物は，異化の過程によって放出された化学エネルギーをATPという物質の中に蓄えて，必要に応じて取り出し，すべての生命活動に利用している。**ア**には吸収，**イ**には放出が入る。正解は③。

▶**Point**　呼吸：有機物（グルコースなど）＋酸素 ⟶ 水＋二酸化炭素＋エネルギー（放出）
　　　　　光合成：水＋二酸化炭素＋光エネルギー（吸収）⟶ 有機物（デンプンなど）＋酸素

問2　ATPはアデノシン三リン酸（Adenosine triphosphate）のことで，塩基のアデニンと糖のリボースが結合したアデノシンにリン酸が三つ結合している。ATP1分子には下図のように，高エネルギーリン酸結合が二つあり，その結合が末端から一つ加水分解されると，エネルギーを放出してADPとリン酸になる。このとき放出されるエネルギーをすべての生物は生命活動に利用している。

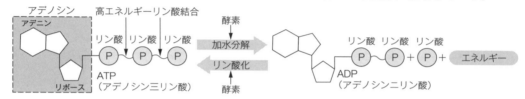

▶**Point**　生物は異化（呼吸）で取り出した化学エネルギーをATPの高エネルギーリン酸結合に蓄え，生命活動に利用する。

問3　生物は，原核生物や真核生物，単細胞生物や多細胞生物，植物や動物のように極めて多様である。しかし，すべての生物に共通な特徴がいくつかある。これは，すべての生物がもともとは共通の祖先から進化したことを意味している。以下に生物の共通性をあげてみる。

・細胞からなる。

・代謝を行う（酵素をもつ）。

・遺伝子としてDNAをもつ。

・ATPを利用する。

・恒常性がある。

などがあげられる。選択肢をみてみよう。

①：正しい。すべての生物は細胞からなるので，もちろん細胞膜をもつ。

②：正しい。すべての生物は，遺伝子としてDNAをもつ。一部のウイルスは遺伝子としてRNAをもつが，ウイルスは生物に入れない。

③：正しい。すべての生物は代謝を行うので，生体触媒の酵素をもつ。

④：誤り。ミトコンドリアは異化の代表例である呼吸の場である。真核生物だけがミトコンドリアをもち，原核生物はもたない。

正解は④。

解答　**問1** ③　　**問2** ②　　**問3** ④

第1編 知識の確認　第2編 実験・考察・計算問題対策　第3編 模擬問題

例題 3　DNAの構造
10　センター改●

DNAに関する次の文章を読み，下の問い（問1〜4）に答えよ。

20世紀に入ってから，<u>遺伝子の本体に関する研究</u>が進み，DNAが遺伝子の本体であることが証明された。すべての生物は，遺伝情報を担う共通の物質としてDNA（デオキシリボ核酸）を利用している。DNAは，糖，リン酸，塩基からなるヌクレオチドという構成単位が繰り返し多数結合したヌクレオチド鎖からなる。DNAを構成するヌクレオチドの塩基には，アデニン（A），チミン（T），グアニン（G），シトシン（C）の4種類があり，シャルガフらはDNAの塩基の比率について<u>ある規則</u>を発見した。このシャルガフの規則などを参考にして，<u>DNAの立体構造の二重らせんモデル</u>を提唱したのはワトソンとクリックである。

問1　下線部**ア**について，次の①〜④のうちから誤っているものを一つ選べ。

①　ミーシャーが発見したヌクレインという物質にはDNAが含まれていた。
②　グリフィスは加熱殺菌したS型菌が病原性をもつようになる形質転換を発見した。
③　エイブリーは形質転換を起こす物質がDNAであることを示した。
④　ハーシーとチェイスはファージのDNAが大腸菌内に入ることを示した。

問2　下線部**イ**の規則によりDNA中の塩基組成（％）で成立するものはどれか，次の①〜④のうちから正しいものを一つ選べ。

①　[A]＋[T]＝[C]＋[G]　　②　[A]－[C]＝[T]－[G]
③　[A]÷[G]＝[C]÷[T]　　④　[A]×[T]＝[C]×[G]

問3　下線部**ウ**のモデルに最も近いものを，次の①〜⑤のうちから一つ選べ。

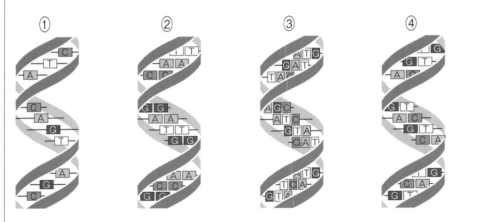

問4　ある生物のDNAの塩基組成を調べると，A（％）＝1.5C（％）の関係がみつかった。この生物のDNA中のTの比率（％）として最も近いものを，次の①〜⑤のうちから一つ選べ。

①　20（％）　②　25（％）　③　30（％）　④　35（％）　⑤　40（％）

解説

問1　①：正しい。ミーシャーは，白血球の核を含む膿の中からリンを多く含む物質を発見し，ヌクレインと名づけた。このヌクレインの中にDNAが含まれていたが，当時は重要な物質とは考えられていなかった。
②：誤り。グリフィスは加熱殺菌したS型菌には病原性はないが，加熱殺菌したS型菌と生きているR型菌を一緒に培養すると，S型菌が出現する形質転換を発見した。
③：正しい。エイブリーはS型菌からの抽出物を，いろいろな分解酵素で処理し，R型菌と一緒に培養して形質転換が起こるか調べた。DNA分解酵素で処理したときだけ形質転換が起こらなかったこ

とから，形質転換を起こす物質がDNAであることを示した。

④：正しい。ハーシーとチェイスは，ファージのタンパク質とDNAに目印をつけて大腸菌に感染させた。その結果，大腸菌内に入り遺伝子として働く物質がDNAであることを示した。

正解は②。

問2　シャルガフらはいろいろな生物のさまざまな組織の細胞中のDNAの塩基組成を調べ，生物種は異なっていても，DNA中のアデニン（A）とチミン（T），グアニン（G）とシトシン（C）の数が等しいことを発見した。これはシャルガフの規則とよばれ，ワトソンとクリックはこれを参考にして，アデニン（A）とチミン（T），グアニン（G）とシトシン（C）によるDNA中での相補的な塩基対形成を考えた。選択肢①～④の中で，常にA（%）＝T（%）とG（%）＝C（%）を満たすのは②だけである。正解は②。

▶**Point**　DNAは二重らせん構造をしており，アデニン（A）とチミン（T），グアニン（G）とシトシン（C）の組合せで相補的な塩基対を形成する。

問3　ワトソンとクリックは，DNAの立体構造を考えるときに，シャルガフの規則およびウィルキンスとフランクリンによるDNAのX線回折の結果を参考にし，DNAの二重らせん構造モデルを提唱した。まず，ウィルキンスとフランクリンによるDNAのX線回折の結果から，DNAはらせん構造をもつことが推定された。また，シャルガフの規則を満たすために，DNAが2本のヌクレオチド鎖からなり，ヌクレオチド鎖の間でアデニン（A）とチミン（T），グアニン（G）とシトシン（C）の組合せで塩基対を形成することを考えた。こうして20世紀最大の発見といわれるDNAの二重らせん構造モデルがつくられたのである。

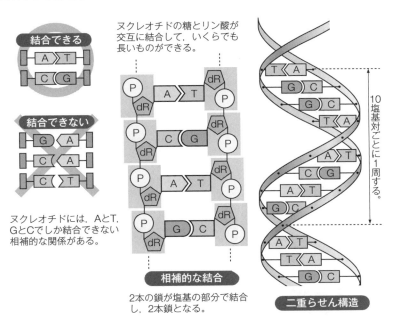

結合できる

結合できない

ヌクレオチドには，AとT，GとCでしか結合できない相補的な関係がある。

ヌクレオチドの糖とリン酸が交互に結合して，いくらでも長いものができる。

相補的な結合

2本の鎖が塩基の部分で結合し，2本鎖となる。

10塩基対ごとに1周する。

二重らせん構造

問4　C（%）の比率をx（%）とすると，G（%）＝C（%）＝x（%）となる。また，A（%）＝T（%）＝1.5x（%）となる。よって，A（%）＋T（%）＋G（%）＋C（%）＝100（%）より，x＝20（%）となる。よって，この生物のDNA中のTの比率（%）は30（%）となる。正解は③。

解答　問1　②　　問2　②　　問3　⑤　　問4　③

例題 4 細胞周期　　　　　　　　　　　　　　　　　　　　03　愛知学院大改●

細胞の増殖に関する次の文章を読み，下の問いに答えよ。

　細胞は分裂して増殖していく。細胞が分裂を終了してから次の分裂が終わるまでを細胞周期という。細胞周期は，間期と分裂期（M期）に分かれており，間期に細胞のもつDNAが複製され2倍になり，分裂期に入り分裂する。間期はさらに，DNA合成準備期（G₁期），DNA合成期（S期），分裂準備期（G₂期）に分けられる。動物の組織を構成する細胞を解離し，培養することができる。培養された細胞は細胞周期を規則正しく繰り返し，分裂していくことがわかっている。図1はある動物の細胞を培養したときの培養時間と細胞数の変化を示したものである。図2は細胞分裂の過程におけるDNA量の変化を示したものである。培養中の細胞を観察すると，全細胞の5%がM期の細胞であった。また，細胞の培養中にDNAの前駆物質（放射線を出す元素で印をつけてある）を短期間加え，その直後に前駆物質を取り込んだ細胞を調べたところ，20%の細胞が核に前駆物質を取り込んでいた。また，その後も細胞からの放射線を調べていると，DNAの前駆物質を加えてから10時間後にはじめてM期の細胞で放射線が測定された。培養している細胞が，細胞周期の各時期にランダムに存在していると仮定して，以下の問いに答えよ。

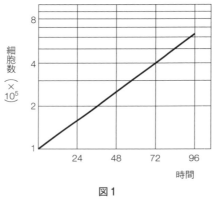

図1

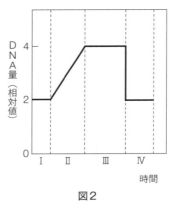

図2

問1　この細胞では細胞周期の長さは何時間か，最も適当なものを次の①〜⑤のうちから一つ選べ。
　①　20時間　　　②　24時間　　　③　30時間　　　④　36時間　　　⑤　72時間

問2　図2のⅠ〜Ⅳの中で，細胞周期のG₂期はどこに含まれるか，次の①〜④のうちから一つ選べ。
　①　Ⅰ　　　　　②　Ⅱ　　　　　③　Ⅲ　　　　　④　Ⅳ

問3　この細胞ではM期にはどのくらいの時間がかかるか，最も適当なものを次の①〜⑤のうちから一つ選べ。
　①　1時間　　　②　1.8時間　　　③　2時間　　　④　3.6時間　　　⑤　4時間

問4　この細胞ではG₂期にはどのくらいの時間がかかるか，最も適当なものを次の①〜⑤のうちから一つ選べ。
　①　4時間　　　②　4.8時間　　　③　7.2時間　　　④　8時間　　　⑤　10時間

問5　この細胞ではS期にはどのくらいの時間がかかるか，最も適当なものを次の①〜⑤のうちから一つ選べ。
　①　4時間　　　②　4.8時間　　　③　7.2時間　　　④　8時間　　　⑤　10時間

問6　この細胞ではG₁期にはどのくらいの時間がかかるか，最も適当なものを次の①〜⑤のうちから一つ選べ。
　①　7.2時間　　　②　8時間　　　③　12時間　　　④　17時間　　　⑤　18時間

■ 解説 ……………

問1　本問のように，体細胞分裂を繰り返している細胞集団では，それぞれの細胞が細胞周期の各時期にランダムに存在していると考えられる。培養している細胞すべてが一度分裂すると，細胞数は全体で2倍になる。図1のグラフでは1×10^5個の細胞が36時間で2倍の2×10^5個，72時間で4倍の4×10^5個になっているので，細胞周期の長さは36時間とわかる（図1の縦軸が対数目盛りであることに注意）。細胞周期の長さは生物の種類や細胞の種類によってさまざまである。また，細胞周期は，間期と分裂期（M期）に分かれており，間期はさらに，DNA合成準備期（G_1期），DNA合成期（S期），

分裂準備期（G_2期）に分けられ，G_1期ではS期でDNAを合成する準備を行う。S期ではDNAを複製する。G_2期では，次の分裂期の準備を行う。以下に細胞周期（図ア）とDNA量の変化（図イ）を示す。

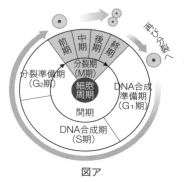

図ア

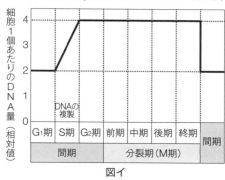

図イ

問2　図イより，G_2期は図2のⅢに含まれている。正解は③。

▶**Point**　細胞周期の中でDNA量が増えるのは，DNAの複製を行うS期だけである。

問3　本文中に，「培養している細胞が，細胞周期の各時期にランダムに存在していると仮定」とあるので，各時期の長さ（時間）と観察される各時期の細胞数は比例する。つまり，観察したときに，ある時期の細胞が多く観察できれば，その時期の長さ（時間）が長いということになる。M期の細胞は「全細胞の5%」とあるので，$36 \times 0.05 = 1.8$時間となる。正解は②。

問4　G_2期はS期を終えてからM期に入るまでにかかる時間である。本文中に「DNAの前駆物質を加えてから10時間後にはじめてM期の細胞で放射線が測定された」とあり，これはS期の終わりの段階にあった細胞がDNAの前駆物質を取り込んでM期に入るまでの時間，つまりG_2期にかかる時間である。よって，G_2期にかかる時間は10時間である。正解は⑤。

問5　図2より，体細胞分裂中にDNA量が増えるのはⅡの時期だけであり，この時期の細胞がDNAの前駆物質を取り込む。この時期はDNAを複製するS期である。本文中にある，「細胞の培養中にDNAの前駆物質（放射線を出す元素で印をつけてある）を短期間加え」た直後に，「核に前駆物質を取り込んでいた」20%の細胞とは，DNAの複製を行っているS期の細胞である。本文中に，「培養している細胞が，細胞周期の各時期にランダムに存在している」とあるので，各時期の長さ（時間）と観察される各時期の細胞数は比例する。よって，$36 \times 0.2 = 7.2$時間となる。正解は③。

問6　G_1期にかかる時間は，細胞周期の長さからM期，S期，G_2期にかかる時間を引けばよい。よって，$36 - (1.8 + 7.2 + 10) = 17$時間となる。正解は④。

▶**Point**　細胞周期の各時期の長さ（時間）は，観察された全細胞数に対する各時期の細胞数の割合に比例する。

■ 解答 ■　**問1**　④　　**問2**　③　　**問3**　②　　**問4**　⑤　　**問5**　③　　**問6**　④

第1編　知識の確認
第2編　実験・考察・計算問題対策
第3編　模擬問題

例題 5 転写・翻訳　　　　　　　　　　　　　　06　九州産業大改●

タンパク質とその合成に関する次の文章を読み，下の問いに答えよ。

タンパク質は多くの生命現象にかかわっている。化学反応を促進する酵素，生体の構造をつくる物質，調節を行うホルモン，免疫で働く抗体などタンパク質は重要な役割を担っている。DNAの遺伝情報はこのタンパク質合成に関するものである。DNAのヌクレオチド鎖の4種の塩基の配列がタンパク質のアミノ酸配列を決めている。DNAの遺伝情報からタンパク質が合成される過程には，転写，翻訳と続く2段階がある。転写では，2本鎖のDNAの片方のヌクレオチド鎖の塩基配列がア RNA に写し取られる。転写で生じた，タンパク質のアミノ酸配列を指定するRNAは，mRNA（伝令RNA）とよばれる。DNAのA，T，G，CはRNAでは，それぞれU，A，C，Gに写し取られる。翻訳では，mRNAの連続した塩基 イ が一つのアミノ酸を指定しており，これに対応するアミノ酸がつながってタンパク質が合成される。こうして合成されたウ タンパク質の種類は極めて多く，生体内での働きは多様である。

問1　下線部アのRNAについて，最も適当な記述を次の①〜④のうちから一つ選べ。

① 2本鎖である。
② 1本鎖である。
③ ヌクレオチドが構成単位でない。
④ 糖とリン酸はDNAと共通である。

問2　 イ に入る塩基の数として最も適当なものを次の①〜④のうちから一つ選べ。

① 二つ　　② 三つ　　③ 四つ　　④ 五つ

問3　次の図は，あるDNAの一方の鎖の塩基配列の一部である。

　　　 － ATGCGTAAGGTC －

(1)　図のDNAから写し取られたmRNAの塩基配列として最も適当なものを次の①〜④のうちから一つ選べ。

① － AUGCGUAAGGUC －　　　② － UACGCAUUCCAG －
③ － TACGCATTCCAG －　　　④ － ATGCGTAAGGTC －

(2)　図のDNAのすべてが遺伝情報として読み取られた場合，合成されるポリペプチド鎖のアミノ酸の数は最大いくつになるか，最も適当なものを次の①〜④のうちから一つ選べ。

① 2　　② 3　　③ 4　　④ 5

問4　下線部ウについて，生体内のタンパク質について述べた次の①〜⑤のうちから誤っているものを一つ選べ。

① アクチンは筋肉の収縮に働くタンパク質である。
② コラーゲンは体を支持するタンパク質である。
③ ヘモグロビンは酸素を運ぶタンパク質である。
④ フィブリンは抗体として働くタンパク質である。
⑤ インスリンは血糖量を調節するタンパク質である。

解説・・・・・・・・・・・・・・

問1　核酸にはDNAとRNAがある。どちらも構成単位は糖，塩基，リン酸からなるヌクレオチドである。DNAのヌクレオチドの糖はデオキシリボース，塩基はA,T,G,Cのどれかであり，RNAのヌクレオチドの糖はリボース，塩基はA,U,G,Cのどれかである。また，DNAは二重らせん構造であ

るのに対して，RNAはふつう 1 本鎖である。RNAは真核生物では，核内でDNAから転写されてつくられる。

①：誤り。RNAはふつう 1 本鎖である。②：正しい。③：誤り。構成単位はヌクレオチドである。④：誤り。RNAの糖はリボースである。正解は②。

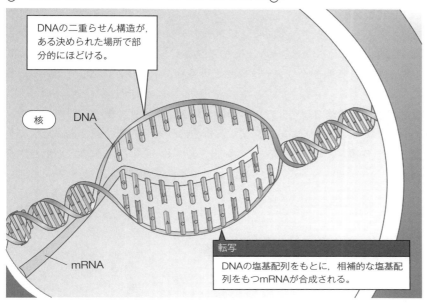

問2　遺伝子DNA上の塩基配列にはタンパク質のアミノ酸配列を指定する遺伝情報がある。2 本鎖のうち，片方の鎖にタンパク質のアミノ酸配列を指定する遺伝情報があり，連続した塩基三つで一つのアミノ酸を指定する。転写によりこのDNA上の遺伝情報が，mRNAに写し取られる。mRNAでも連続した塩基三つで一つのアミノ酸を指定する。正解は②。

問3　(1)　DNAからRNAへの転写では，AはU，TはA，GはC，CはGに写し取られる。正解は②。
(2)　図のDNAは12塩基からなる。連続した塩基三つで一つのアミノ酸を指定することから，図のDNAの塩基配列で四つのアミノ酸を指定できる。正解は③。

問4　タンパク質は数十から数千個のアミノ酸がつながってできる高分子である。タンパク質合成に利用されるアミノ酸は20種類しかないが，並び順は著しく多様であるため，タンパク質の種類は極めて多く，生体内での働きは多様である。遺伝子からつくられるタンパク質は，生体内での遺伝子の働きの実行役といえる。

①：正しい。アクチンは筋収縮で働くタンパク質である。アクチンは別のタンパク質であるミオシンとともに働いて筋肉を収縮させ，力をうみ出す。

②：正しい。コラーゲンは軟骨や皮下に多く存在し，体を支持するタンパク質である。

③：正しい。ヘモグロビンは赤血球に多く存在する，Feを含むタンパク質である。肺胞で結合した酸素を組織へ運ぶ。

④：誤り。フィブリンは血液凝固で働くタンパク質であり，抗体として働くタンパク質は免疫グロブリンである。

⑤：正しい。インスリンは血糖量を下げるホルモンとして働くタンパク質である。
正解は④。

解答　問1　②　　問2　②　　問3　(1)　②　　(2)　③　　問4　④

演 習 問 題

1 ミクロメーターなど 5分 細胞に関する次の文章を読み，下の問いに答えよ。

タマネギの根が成長していく過程で，皮層の細胞の大きさがどのように変化するかを調べるため，顕微鏡を用いて，次の**実験1**・**実験2**を行った。

実験1　細胞の大きさを測定するために，まず，接眼ミクロメーターの1目盛りの示す長さを測定した。10倍の接眼レンズに接眼ミクロメーターをセットして，10倍の対物レンズを用いて対物ミクロメーターを検鏡した。その結果，接眼ミクロメーターの1目盛りが示す長さは10μmであることがわかった。

実験2　タマネギの根の縦断切片を顕微鏡で観察した。次の図1に示すように，根の基部から先端部にかけての四つの領域（a～d）について，各領域に存在する細胞の長辺と短辺の長さを，接眼ミクロメーターを用いて測定した。各領域でそれぞれ50個の細胞を測定し，その平均値を求めたところ，下の表1に示す結果を得た。なお，細胞の長辺とは，次の図2に示すように，根の長軸方向と同じ方向の辺をいう。

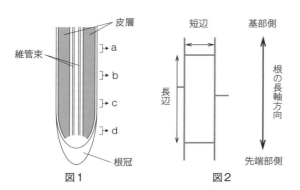

図1　　　図2

表1

領　域	細胞の長辺（μm）	細胞の短辺（μm）
a	148	23
b	120	22
c	50	22
d	22	21

問1　**実験1**において，40倍の対物レンズに交換して，再度，対物ミクロメーターを検鏡した。このとき，接眼ミクロメーターの1目盛りが示す長さ（μm）に最も近い値を，次の①～⑧のうちから一つ選べ。
① 0.25　　② 0.4　　③ 1.0　　④ 2.5
⑤ 4.0　　⑥ 10　　⑦ 25　　⑧ 40

問2　**実験2**に関して，領域aと領域dの細胞を比較したとき，細胞内の構造体のうちで体積の違いが最も大きいものは何か。最も適当なものを，次の①～⑤のうちから一つ選べ。
① 核　　② 葉緑体　　③ ミトコンドリア　　④ ゴルジ体　　⑤ 液胞

問3　**実験2**に関連して，タマネギの根の成長における細胞の分裂と成長に関する記述として最も適当なものを，次の①～⑥のうちから一つ選べ。
① 根の特定の場所で分裂し，その後，おもに長辺方向に成長する。
② 根の特定の場所で分裂し，その後，おもに短辺方向に成長する。
③ 根の特定の場所で分裂し，その後，長辺方向にも短辺方向にも同じ程度成長する。
④ 根全体で一様に分裂し，その後，おもに長辺方向に成長する。
⑤ 根全体で一様に分裂し，その後，おもに短辺方向に成長する。
⑥ 根全体で一様に分裂し，その後，長辺方向にも短辺方向にも同じ程度成長する。

2 代謝（呼吸と光合成）　10分　代謝に関する次の文章を読み，下の問いに答えよ。

　植物は光が当たっているときは，光合成と呼吸の両方を同時に行っている。一定時間に植物がどれだけの量の有機物を合成するかを調べるための古典的な方法に，葉半法とよばれる方法がある。この方法は，最初に葉の片側半分から一定面積の葉を切り取り，その乾燥重量を測定する。一定時間の後に，葉のもう片側半分から同じ面積の葉を切り取り，その乾燥重量を測定する。その間の重量の増減によって，光合成量や呼吸量を求めるのが葉半法とよばれる方法である。

　合成された有機物の一部は，光合成を行っている間も，その場で葉の呼吸によって消費される。また，葉から葉柄のある部分を通って体の各部に輸送される。この現象は転流とよばれ，多くの植物でみられる。重量の増減を調べるときに，次のような二つの処理を行うことによって，光合成量だけでなく，呼吸量や転流量も調べることができる。

(a)　葉全体を光が当たらないようにアルミホイルで覆う。

(b)　転流を防止するために葉柄のある部分を蚊取り線香で焼く。

　これらの処理を行うかどうかによって，4組の処理の組合せができる。

Ⅰ：(a)と(b)の処理を同時に行う。　　　　Ⅱ：(a)の処理を行うが，(b)の処理は行わない。
Ⅲ：(a)の処理は行わないが，(b)の処理を行う。　　Ⅳ：いずれの処理も行わない。

　実験を行った一定時間の光合成量をP，呼吸量をR，アルミホイルで覆ったときの転流量をT_1，アルミホイルで覆わないときの転流量をT_2とし，PやRは(b)の処理によって左右されず，Rは(a)の処理にかかわらず同じであると仮定すると，それぞれの処理による葉の重量増減量より，P，R，T_1，T_2を求めることができる。

　ある天気の良い日の午前10時（開始時）に，Ⅰ～Ⅳの処理ごとにヒマワリの葉の片側から，それぞれ乾燥重量の等しい合計面積$100cm^2$の葉を切り取り，その日の午後3時（終了時）に，同じくⅠ～Ⅳの処理ごとにヒマワリの葉の片側から，同じ面積分の葉を切り取って，それぞれの重量増減量を求めた。その結果は右の表1のようになった。

表1

処　理	5時間の重量増減量
Ⅰ	－ 26.75mg
Ⅱ	－ 35.48mg
Ⅲ	78.87mg
Ⅳ	8.89mg

問1 Ⅳの処理によって得られる葉の重量増減量ΔWを表す式はどれか，次の①～④のうちから一つ選べ。
① ΔW＝－R　　② ΔW＝－R－T_1　　③ ΔW＝P－R　　④ ΔW＝P－R－T_2

問2 このときのヒマワリの5時間，葉面積$100cm^2$あたりの呼吸量は何mgか。最も適当なものを，次の①～⑤のうちから一つ選べ。
① 8.89　　② 15.48　　③ 26.75　　④ 78.87　　⑤ 105.62

問3 同じく5時間，葉面積$100cm^2$あたりの光合成量は何mgか。最も適当なものを，次の①～⑤のうちから一つ選べ。
① 8.89　　② 15.48　　③ 26.75　　④ 78.87　　⑤ 105.62

問4 葉をアルミホイルで覆ったときの5時間，葉面積$100cm^2$あたりの転流量は何mgか。最も適当なものを，次の①～⑤のうちから一つ選べ。
① 8.73　　② 8.89　　③ 15.48　　④ 26.75　　⑤ 78.87

問5 葉をアルミホイルで覆わないときの5時間，葉面積$100cm^2$あたりの転流量は何mgか。最も適当なものを，次の①～⑤のうちから一つ選べ。
① 8.89　　② 69.98　　③ 78.87　　④ 87.76　　⑤ 105.62

10　香川大改●

3 **酵素** 7分　酵素の働きと性質に関する実験について，下の問いに答えよ。

実験方法　㋐～㋙の手順の操作を約30℃の室温の中で行った。

㋐　３本の試験管（A，B，C）に３％過酸化水素水を5mLずつ入れ，２本の試験管（D，E）には蒸留水を5mLずつ入れる。

㋑　試験管Aに石英の粒を加え，これを対照実験とする。

㋒　試験管BとDに肝臓片を加える。

㋓　試験管CとEに酸化マンガン（Ⅳ）（二酸化マンガン）を加える。

㋔　試験管A～Eの気泡の発生を観察し，一定時間後に火のついた線香を試験管に入れてみる。

㋕　気泡が発生した試験管については，気泡が出なくなった後に，再び過酸化水素水を加える。

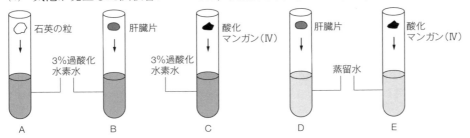

実験結果　試験管A～Eについて，室温で行った実験結果を表1に示した。

表1

試験管	気泡の発生	線香の火の状態
A	気泡は発生しなかった	火は変化しなかった
B	気泡は盛んに発生した	火が激しく燃え上がった
C	気泡は盛んに発生した	火が激しく燃え上がった
D	気泡は発生しなかった	火は変化しなかった
E	気泡は発生しなかった	火は変化しなかった

問1 発生した気泡に含まれる物質名は何か，次の①～④のうちから一つ選べ。

① 水素　　　② 酸素　　　③ 窒素　　　④ 二酸化炭素

問2 肝臓片を加えた試験管Bと酸化マンガン（Ⅳ）を加えたCでは，気泡が盛んに発生し，線香が激しく燃えた。それはなぜか，最も適当な理由を次の①～⑤のうちから一つ選べ。

① 過酸化水素が肝臓片に含まれるカタラーゼで分解され，一方，酸化マンガン（Ⅳ）が過酸化水素で分解されたため。

② 肝臓片に含まれるカタラーゼと酸化マンガン（Ⅳ）が，過酸化水素で分解されたため。

③ 過酸化水素が，肝臓片に含まれるカタラーゼと酸化マンガン（Ⅳ）で分解されたため。

④ 肝臓片に含まれるカタラーゼが過酸化水素で分解され，一方，過酸化水素が酸化マンガン（Ⅳ）で分解されたため。

⑤ 肝臓片に含まれるカタラーゼと酸化マンガン（Ⅳ）とに含まれている，気泡を発生させる物質が，過酸化水素によって分離されたため。

問3 過酸化水素水を加えなかった試験管DとEでは，気泡は発生しなかった。それはなぜか，最も適当な理由を次の①～⑤のうちから一つ選べ。

① 気泡を発する物質に分解されるものがなかったため。

② 分解されて気泡を発する物質が含まれていなかったため。

③ 試験管に**問1**で答えた物質が含まれていなかったため。

④ 分解を触媒する物質が含まれていなかったため。

⑤ 蒸留水では不純物の量が足りなかったため。

問 4 しばらく経って気泡が発生しなくなった試験管 B と C に過酸化水素水を追加すると，再び気泡が発生した。それはなぜか，最も適当な理由を次の ①〜⑤ のうちから一つ選べ。

① カタラーゼおよび酸化マンガン（Ⅳ）は，過酸化水素の分解を触媒する過程で消費されないため。

② 過酸化水素は，カタラーゼおよび酸化マンガン（Ⅳ）の分解を触媒する過程で消費されないため。

③ カタラーゼおよび酸化マンガン（Ⅳ）は，過酸化水素を分解する過程で再生産されるため。

④ 過酸化水素は，カタラーゼおよび酸化マンガン（Ⅳ）を分解する過程で再生産されるため。

⑤ カタラーゼおよび酸化マンガン（Ⅳ）は，過酸化水素水の追加によって再び水を分解できるようになるため。

08　東海大改●

4 **遺伝子** 〔6分〕 次の遺伝子と DNA に関する文章を読み，下の問いに答えよ。

　20 世紀になって　ア　に遺伝子が存在するという説が提唱されて以降，遺伝子の本体が何であるかについて，議論がなされてきた。　ア　の主な構成物質は DNA と　イ　であるが，(a)様々な研究によって，遺伝子の本体が DNA であることが証明された。DNA は，(b)ヌクレオチドとよばれる構成単位が，鎖状に結合した高分子化合物である。

問 1 上の文章中の　ア　・　イ　に入る語として最も適当なものを，次の ①〜⑥ のうちからそれぞれ一つ選べ。

① 細胞膜　　② 小胞体　　③ 染色体　　④ 炭水化物　　⑤ タンパク質　　⑥ 脂質

問 2 下線部 (a) に関して，過去の研究者らによって得られた研究成果のうち，形質の遺伝を担う物質がDNA であることを明らかにした成果として適当なものを，次の ①〜⑥ のうちから二つ選べ。ただし，解答の順序は問わない。

① 研究者 A は，白血球を多量に含む傷口の膿に，リンを多く含む物質が存在することを発見した。

② 研究者 B らは，病原性のない肺炎双球菌に対して，病原性を有する肺炎双球菌の抽出物（病原性菌抽出物）を混ぜて培養すると，病原性のある菌が出現するが，DNA 分解酵素によって処理した病原性菌抽出物を混ぜて培養しても，病原性のある菌が出現しないことを示した。

③ 研究者 C らは，いろいろな生物の DNA について調べ，アデニンとチミン，グアニンとシトシンの数の比が，それぞれ 1：1 であることを示した。

④ 研究者 D らは，DNA の立体構造について考察し，2 本の鎖がらせん状に絡み合って構成される二重らせん構造のモデルを提唱した。

⑤ 研究者 E は，エンドウの種子の形や，子葉の色などの形質に着目した実験を行い，親の形質が次の世代に遺伝する現象から，遺伝の法則性を発見した。

⑥ 研究者 F らは，バクテリオファージ（T₂ ファージ）を用いた実験において，ファージを細菌に感染させた際に，DNA だけが細菌に注入され，新たなファージがつくられることを示した。

問 3 下線部 (b) に関して，次の文章中の　ウ　〜　オ　に入る語として最も適当なものを，下の ①〜⑥ のうちからそれぞれ一つ選べ。

DNA と RNA はともに，ヌクレオチドが連なった構造をとっている。ヌクレオチドは，　ウ　，　エ　，およびリン酸から構成されている。RNA のヌクレオチドは，　ウ　としてチミンのかわりにウラシルが使われている点や，　エ　が　オ　である点において，DNA のヌクレオチドと異なっている。

① アミノ酸　　② 塩基　　③ 脂質　　④ 糖　　⑤ リボース　　⑥ デオキシリボース

18　センター改●

5 DNAの構造 （7分）　遺伝子に関する次の文章を読み，下の問いに答えよ。

　遺伝子の本体であるDNAは通常，二重らせん構造をとっている。しかし，例外的ではあるが，1本鎖の構造をもつDNAも存在する。以下の表1は，いろいろな生物材料のDNAを解析し，構成要素（構成単位）であるA，G，C，Tの数の割合［％］と核1個あたりの平均のDNA量を比較したものである。

表1

生物材料	DNA中の各構成要素の数の割合［％］				核1個あたりの平均のDNA量［$\times 10^{-12}$g］
	A	G	C	T	
ア	26.6	23.1	22.9	27.4	95.1
イ	27.3	22.7	22.8	27.2	34.7
ウ	28.9	21.0	21.1	29.0	6.4
エ	28.7	22.1	22.0	27.2	3.3
オ	32.8	17.7	17.3	32.2	1.8
カ	29.7	20.8	20.4	29.1	―
キ	31.3	18.5	17.3	32.9	―
ク	24.4	24.7	18.4	32.5	―
ケ	24.7	26.0	25.7	23.6	―
コ	15.1	34.9	35.4	14.6	―

―：データなし

問1 解析した10種類の生物材料（ア～コ）の中に，1本鎖の構造のDNAをもつものが一つ含まれている。最も適当なものを，次の①～⑩のうちから一つ選べ。
① ア　　② イ　　③ ウ　　④ エ　　⑤ オ
⑥ カ　　⑦ キ　　⑧ ク　　⑨ ケ　　⑩ コ

問2 核1個あたりのDNA量が記されている生物材料（ア～オ）の中に，同じ生物の肝臓に由来したものと精子に由来したものがそれぞれ一つずつ含まれている。この生物の精子に由来したものとして最も適当なものを，次の①～⑤のうちから一つ選べ。
① ア　　② イ　　③ ウ　　④ エ　　⑤ オ

問3 新しいDNAサンプルを解析したところ，TがGの2倍量含まれていた。このDNAの推定されるAの割合として最も適当な値を，次の①～⑥のうちから一つ選べ。ただし，このDNAは，二重らせん構造をとっている。
① 16.7%　　② 20.1%　　③ 25.0%　　④ 33.4%　　⑤ 38.6%　　⑥ 40.2%

問4 ゲノムという用語は，何を表しているか，最も適当な記述を次の①～④のうちから一つ選べ。
① その生物のもつ遺伝情報の最小限の1セットを示している。
② その生物の体細胞がもつ染色体全体を示している。
③ その生物の生殖細胞がもつ遺伝子全体を示している。
④ その生物のもつ発現する遺伝子の集合を示している。

問5 ヒトのゲノムに存在するDNAをすべてつなぎ合わせた長さは約90cmであるが，1本の染色体に含まれるDNAの平均の長さは約何cmになるか。最も適当なものを次の①～⑦のうちから一つ選べ。ただし，各染色体のDNAの長さはすべて同長として考えよ。
① 2.1cm　　② 3.9cm　　③ 5.4cm　　④ 7.8cm
⑤ 9.0cm　　⑥ 12.4cm　　⑦ 15.8cm

6 DNAの構造・遺伝子の本体 　5分　ファージの増殖に関する次の文章を読み，下の問いに答えよ。

バクテリオファージ（ファージ）は，ₐDNA（デオキシリボ核酸）とタンパク質で構成されている。ファージと大腸菌を用いて，次の**実験1**・**実験2**を行った。

実験1　ファージのDNAを物質X，ファージのタンパク質を物質Yで，それぞれ後で区別できるように目印をつけた。このファージを，培養液中の大腸菌に感染させた。5分後に激しく撹拌（かくはん）して大腸菌に付着したファージをはずした後，遠心分離して大腸菌を沈殿（ちんでん）させた。沈殿した大腸菌を調べたところ，物質Xが検出されたが，物質Yはほとんど検出されなかった。また，上澄みを調べたところ，物質X，物質Yのどちらも検出された。

実験2　**実験1**で沈殿した大腸菌を，新しい培養液中で撹拌し培養したところ，3時間後にすべての大腸菌の菌体が壊れた。その後に，培養液を遠心分離して，壊れた大腸菌を沈殿させ，上澄みを調べたところ，ファージは**実験1**で最初に感染に用いた数の数千倍になっていた。

問1　**実験1**・**実験2**の結果に関連する考察として適当なものを，次の①〜⑥のうちから二つ選べ。ただし，解答の順序は問わない。

①　ファージのタンパク質とファージのDNAは，かたく結びついて離れない。

②　ファージのDNAは，感染後5分以内に大腸菌内に入る。

③　ファージのDNAは，大腸菌の表面で増える。

④　ファージのタンパク質は，大腸菌内で増えるために必須（ひっす）である。

⑤　ファージのタンパク質は，大腸菌の中でつくられる。

⑥　**実験2**で得られた上澄みをそのまま培養すると，ファージが増え続け，3時間後にはさらに数千倍になる。

問2　下線部**ア**に関連する記述として適当なものを，次の①〜⑥のうちから二つ選べ。ただし，解答の順序は問わない。

①　DNAは，4種類の構成要素（A，C，G，T）でできており，AはCと，GはTと，それぞれ対をなして結合している。

②　シャルガフは，DNAの構成要素について，Aの数の割合とTの数の割合との和は，Cの数の割合とGの数の割合との和に等しいことをみつけた。

③　ファージのDNAの各構成要素の数の割合は，大腸菌に感染させる前と後とではほとんどかわらない。

④　遺伝情報は，DNAの各構成要素の数の割合として組み込まれている。

⑤　ショウジョウバエでは，1個体がつくるすべての精子は，DNAの構成要素の並ぶ順序（配列）がどれも同じである。

⑥　減数分裂直後の精細胞のDNAは，二重らせん構造となっている。

13　センター改●

7 ゲノム 　6分　ゲノムに関する以下の文章を読み，下の問いに答えよ。

それぞれの生物がもつ遺伝情報全体を(a)ゲノムとよび，動植物では生殖細胞（配偶子）に含まれる一組の染色体を単位とする。また，DNAの塩基配列の上では，(b)ゲノムは「遺伝子としてはたらく部分」と「遺伝子としてはたらかない部分」とからなっている。

問1　下線部(a)に関する記述として最も適当なものを，次の①〜⑤のうちから一つ選べ。

①　ヒトのどの個々人の間でも，ゲノムの塩基配列は同一である。

②　受精卵と分化した細胞とでは，ゲノムの塩基配列が著しく異なる。

第1編　知識の確認

第2編　実験・考察・計算問題対策

第3編　模擬問題

③　ゲノムの遺伝情報は，分裂期の前期に2倍になる。

④　ハエのだ腺染色体は，ゲノムの全遺伝子を活発に転写して膨らみ，パフを形成する。

⑤　神経の細胞と肝臓の細胞とで，ゲノムから発現される遺伝子の種類は大きく異なる。

問2　下線部**(b)**に関連する次の文章中の　ア　・　イ　に入る数値として最も適当なものを，下の①〜⑧のうちから一つ選べ。

　ヒトのゲノムは約30億塩基対からなっている。タンパク質のアミノ酸配列を指定する部分(以後，翻訳領域とよぶ)は，ゲノム全体のわずか1.5%程度と推定されているので，ヒトのゲノム中の個々の遺伝子の翻訳領域の長さは，平均して約　ア　塩基対だと考えられる。また，ゲノム中では平均して約　イ　塩基対ごとに一つの遺伝子(翻訳領域)があることになり，ゲノム上では遺伝子としてはたらく部分はとびとびにしか存在していないことになる。

①　2千　　　　②　4千　　　　③　2万　　　　④　4万

⑤　15万　　　⑥　30万　　　⑦　150万　　　⑧　300万

15　センター改●

---

8 **体細胞分裂** （6分）　体細胞分裂に関する以下の文章を読み，下の問いに答えよ。

　室温に置いたある植物の根の先端から根端分裂組織(根の頂端分裂組織)を切り出し，氷酢酸とエタノールの混合液に浸して固定した後，希塩酸で個々の細胞を解離しやすくした。その後，スライドガラスの上にとり，酢酸オルセイン溶液で染色した。この上からカバーガラスをかけて押しつぶし，顕微鏡で観察したところ，次の図1の模式図のように，細胞分裂の様々な時期の細胞像が観察された。このとき観察された各時期の細胞の数を，下の表1に示した。なお，すべての細胞はa〜eのいずれかの形態に分類された。

　　　　a　　　　　　　　b　　　　　　　　c　　　　　　　　d　　　　　　　　e

表1

細胞の形態	a	b	c	d	e
細胞の数 [個]	30	120	90	60	2700

問1　表1の結果から細胞分裂の各時期の所要時間を推定するためには，必要な条件が三つある。そのうちの二つは，分裂を停止している細胞がないことと，分裂の各時期に要する時間が細胞によって変わらないことであるが，三つめの条件として最も適当なものを，次の①〜④のうちから一つ選べ。

①　細胞分裂が始まる時間がばらばらで，同調していないこと。

②　固定することによって，細胞の分裂がゆっくりと止まること。

③　用いる細胞集団が，細胞板を形成する植物細胞であること。

④　固定液の作用によって，どの細胞も原形質分離を起こしていること。

14　センター改●

9 細胞周期 ⏱10分　体細胞分裂に関する次の文章を読み，下の問いに答えよ。

　細胞が体細胞分裂をして増殖しているとき，細胞は「分裂期」，「分裂期の後，DNA合成開始までの時期」，「DNA合成の時期」および「DNA合成の後，分裂期開始までの時期」の四つの時期を繰り返す。これを細胞周期という。

　図1は，ある哺乳類の培養細胞の集団の増殖を示す。グラフから細胞周期の1回に要する時間Tが読み取れる。また，この培養細胞では，細胞周期のそれぞれの時期に要する時間tは，次の式により計算できる。

$$t = T \times \frac{n}{N}$$

　ただし，Nは集団から試料としてとった全細胞数，nは試料中のそれぞれの時期の細胞数である。

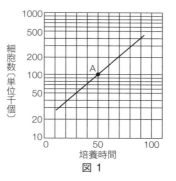

図1

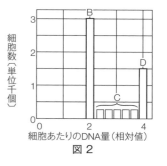

図2

問1 体細胞分裂で生じた細胞はみな同じ遺伝子のセットをもっているが，しばらくすると細胞周期から外れて特定の遺伝子が発現し，特定の形や機能をもつようになる。この現象の名称として適当なものを，次の①～④のうちから一つ選べ。
① 形質転換　　　② パフ　　　③ 分化　　　④ 発現

問2 図1の培養細胞における1回の細胞周期に要する時間として最も適当なものを，次の①～⑤のうちから一つ選べ。
① 10時間　　② 20時間　　③ 30時間　　④ 40時間　　⑤ 50時間

問3 図2は，図1のAの時点で6000個の細胞を採取して，細胞あたりのDNA量を測定した結果をまとめたものである。次の文章中の ア ～ ウ に入るものとして最も適当なものを，次の①～⑥のうちからそれぞれ一つずつ選べ。

　図2の棒グラフの ア は「DNA合成の時期」の細胞である。 イ は，「DNA合成の後，分裂期開始までの時期」と「分裂期」の両方の時期の細胞を含む。 ウ は「分裂期の後，DNA合成開始までの時期」の細胞である。
① B　　　② C　　　③ D　　　④ B＋C　　　⑤ B＋D　　　⑥ C＋D

問4 図2で，測定した6000個の細胞のうち，「DNA合成の時期」の細胞数は1500個であった。また，「分裂期」の細胞数は300個であり，二つの核をもつ細胞の数は計算上無視できる程度であった。この培養細胞における，細胞周期のそれぞれの時期に要する時間を割合として示したとき，最も適当な数値はどれか。下の①～⑨のうちから一つずつ選べ。ただし，細胞周期の1回に要する時間を100%とする。
分裂期； エ ％
分裂期の後，DNA合成開始までの時期； オ ％
DNA合成の時期； カ ％
① 1　　　② 2.5　　　③ 5　　　④ 10　　　⑤ 15
⑥ 20　　　⑦ 25　　　⑧ 50　　　⑨ 75

10 **遺伝情報の発現** （7分） 遺伝子に関する次の文章を読み，下の問いに答えよ。

　　DNAの構造を明らかにしたクリックは遺伝情報の流れに関してセントラルドグマとよばれる原則を提唱した。遺伝情報は次に示す図1のように一方向に流れる。

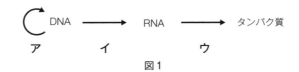

図1

問1 図1の**ア**，**イ**，**ウ**にあてはまる語の組合せとして最も適当なものを，次の①～⑥のうちから一つ選べ。

	ア	－	**イ**	－	**ウ**
①	増幅	－	転写	－	翻訳
②	増幅	－	翻訳	－	転写
③	増幅	－	転写	－	転移
④	複製	－	転写	－	翻訳
⑤	複製	－	翻訳	－	転写
⑥	複製	－	転写	－	転移

問2 真核生物の核内で行われる過程はどれか，最も適当なものを，次の①～⑥のうちから一つ選べ。
① **ア**　　② **イ**　　③ **ウ**　　④ **ア**と**イ**　　⑤ **イ**と**ウ**　　⑥ **ア**と**ウ**

問3 DNAの一方の鎖のヌクレオチド鎖が－ATGAGGTA－のとき，この配列をもとに**イ**で合成される塩基配列を示したものはどれか，最も適当なものを，次の①～⑥のうちから一つ選べ。
① ATGAGGTA　　② UACTCCAT　　③ ATGGAGTA
④ UACUCCAU　　⑤ TACTCCAT　　⑥ TAUTUUAT

問4 **イ**と**ウ**に関連する正しい記述はどれか，最も適当なものを，次の①～⑤のうちから一つ選べ。
① RNAはDNAと同じく2本鎖である。
② タンパク質合成は原核生物では行われない。
③ mRNAの3個の塩基配列で1個のアミノ酸を指定している。
④ グリコーゲンもタンパク質の一種である。
⑤ 生物体を構成するタンパク質はすべて同一の構造である。

問5 ある生物の遺伝子の一つから1200個のアミノ酸からなるタンパク質がつくられるとすると，このタンパク質のアミノ酸配列を指定するDNAの長さは何nmか，最も適当なものを，次の①～⑥のうちから一つ選べ。ただし，DNAの長さは二重らせん1巻き（10塩基対を含む）あたり3.4nmとする。
① 408　　② 1224　　③ 3600　　④ 4080　　⑤ 12240　　⑥ 40800

11　上智大改，03　日本大改，02　玉川大改●

11 転写と翻訳 〔10分〕 転写と翻訳に関する以下の文章を読み，下の問いに答えよ。

DNAの遺伝情報に基づいてタンパク質を合成する過程は，(a)DNAの遺伝情報をもとにmRNAを合成する転写と，(b)合成したmRNAをもとにタンパク質を合成する翻訳との二つからなる。

問1 下線部 **(a)** に関連して，転写においては，遺伝情報を含むDNAが必要である。それ以外に必要な物質と必要でない物質との組合せとして最も必要なものを，次の①〜④のうちから一つ選べ。

	DNAのヌクレオチド	RNAのヌクレオチド	DNAを合成する酵素	mRNAを合成する酵素
①	○	×	○	×
②	○	×	×	○
③	×	○	○	×
④	×	○	×	○

問2 下線部 **(b)** に関連して，翻訳では，mRNAの三つの塩基の並びから一つのアミノ酸が指定される。この塩基の並びが「○○C」の場合，計算上，最大何種類のアミノ酸を指定することができるか。その数値として最も適当なものを，次の①〜⑨のうちから一つ選べ。ただし，○はmRNAの塩基のいずれかを，Cはシトシンを示す。

① 4種類　　② 8種類　　③ 9種類　　④ 12種類　　⑤ 16種類

⑥ 20種類　　⑦ 25種類　　⑧ 27種類　　⑨ 64種類

問3 下線部 **(b)** に関連して，転写と翻訳の過程を試験管内で再現できる実験キットが市販されている。この実験キットでは，まず，タンパク質Gの遺伝情報をもつDNAから転写を行う。次に，転写を行った溶液に，翻訳に必要な物質を加えて反応させ，タンパク質Gを合成する。タンパク質Gは，紫外線を照射すると緑色の光を発する。mRNAをもとに翻訳が起こるかを検証するため，この実験キットを用いて，図1のような実験を計画した。図1の ア 〜 ウ に入る語句の組合せとして最も適当なものを，次の①〜⑥のうちから一つ選べ。

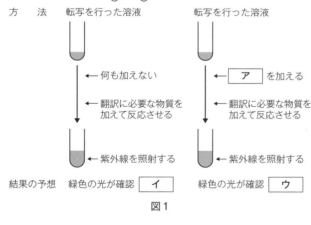

図1

	ア	イ	ウ
①	DNAを分解する酵素	される	されない
②	DNAを分解する酵素	されない	される
③	mRNAを分解する酵素	される	されない
④	mRNAを分解する酵素	されない	される
⑤	mRNAを合成する酵素	される	されない
⑥	mRNAを合成する酵素	されない	される

第2章　ヒトのからだの調節

例題 1　酸素解離曲線

脊椎動物における酸素の輸送に関する次の文章を読み，下の問いに答えよ。

脊椎動物では，体の各細胞で行われている呼吸に必要な酸素は，赤血球に含まれているヘモグロビンというタンパク質と結合して肺などの呼吸器から各組織に運ばれている。

ヘモグロビンに結合する酸素の割合は，おもに酸素の濃度によって変化する。また，ヘモグロビンに結合する酸素の割合は，二酸化炭素濃度の影響を受けるが，この影響は，より多くの酸素を呼吸器から組織に運ぶことに役立っている。

次の図は，酸素に結合したヘモグロビンの割合が，酸素濃度や二酸化炭素濃度の影響をどのように受けるかを調べたもの（酸素解離曲線）である。

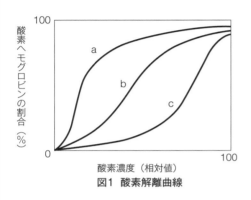

図1 酸素解離曲線

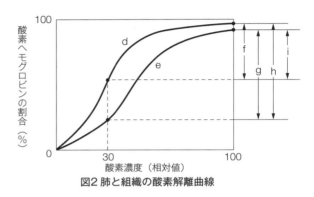

図2 肺と組織の酸素解離曲線

問1　下線部について，ヒトの赤血球について示した文で誤っているものを，次の①～④のうちから一つ選べ。

①　血管を流れる赤血球は，核が存在していない。

②　細胞の大きさは7～8μm程度である。

③　肝臓や脾臓で生成される。

④　血液内に存在する数は，白血球より多い。

問2　図1のa～cを，測定したときの二酸化炭素濃度が高い順に並べた。順番として適当なものを次の①～⑥のうちから一つ選べ。

高い←二酸化炭素濃度→低い　　　　高い←二酸化炭素濃度→低い

①　a　　　　b　　　　c　　　　②　a　　　　c　　　　b

③　b　　　　a　　　　c　　　　④　b　　　　c　　　　a

⑤　c　　　　a　　　　b　　　　⑥　c　　　　b　　　　a

問3　図2のdとeは，一方が肺での二酸化炭素濃度，もう一方が組織での二酸化炭素濃度における酸素ヘモグロビンの割合を示したものである。肺の酸素濃度を100，組織の酸素濃度を30とすると，組織に供給される酸素は，図2のf～iのうちどれか。最も適当なものを，次の①～④のうちから一つ選べ。

①　f　　　　②　g　　　　③　h　　　　④　i

解説 ⋯⋯⋯⋯⋯⋯

問1　①赤血球のもとになる骨髄幹細胞には核があるが，分化して血管を循環する赤血球は核がない。
②赤血球の細胞としての大きさは7〜8μm程度である。
③ヒトの赤血球は骨髄でつくられ，脾臓や肝臓で破壊される。
④血液内に存在する赤血球の数は，血液1mm³あたり450万〜500万個程度で，血液1mm³あたり5000〜9000個程度の白血球より多い。
よって，③が誤り。

問2　ヘモグロビンの酸素親和性は，いろいろな要因により変化する。二酸化炭素濃度が高いほどヘモグロビンの酸素親和性は低くなるため，二酸化炭素濃度が高い組織では，より多くの酸素を解離することができる。したがって，酸素親和性が低いもの（酸素ヘモグロビンの割合が低いもの）ほど二酸化炭素濃度が高いところでのグラフであると考えられる。よって，c→b→aの順に，二酸化炭素濃度が高いと考えられる。

問3　酸素濃度が高く二酸化炭素濃度が低い肺では，ヘモグロビンの酸素親和性は高い。酸素濃度が低く二酸化炭素濃度が高い組織では，ヘモグロビンの酸素親和性は低い。よって，肺における酸素解離曲線は上側（d），組織における酸素解離曲線は下側（e）である。そのため，肺では上側のグラフを読み，組織では下側のグラフを読めばよい。ここでは，肺での酸素ヘモグロビンの割合として上側のグラフ（d）から100のときの値を読み取り，組織での酸素ヘモグロビンの割合として下側のグラフ（e）から30のときの値を読み取れば，その差が酸素ヘモグロビンから解離して組織に供給される酸素の量を示すことになる。したがって，組織に供給される酸素の量は，右図のようになる。

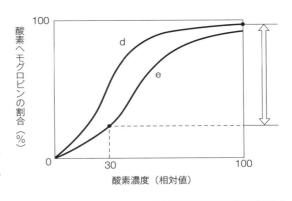

▶Point　ヘモグロビン

肺のように酸素濃度が高く，二酸化炭素濃度が低い条件では酸素親和性が高く酸素と結合し，組織のように酸素濃度が低く，二酸化炭素濃度が高い条件では酸素親和性が低く酸素を解離する。その性質により多くの酸素を組織に供給することができる。

解答　**問1**　③　　**問2**　⑥　　**問3**　③

例題 2 　自律神経系，内分泌系

ヒトの体の調節に関する次の文章を読み，下の問いに答えよ。

ヒトの体と働きは自律神経系とホルモンにより調節されている。自律神経系は交感神経系と副交感神経系とからなり，さまざまな器官に分布する。ホルモンは内分泌腺から分泌され，血液によって全身に運ばれる。それぞれのホルモンは特定の組織や器官に作用して，それぞれの働きを調節する。脳は自律神経系とホルモンによる調節の中枢として働いている。

ヒトが寒冷刺激にさらされると，この刺激は脳に伝達され，交感神経を介して副腎髄質からの（　a　）の分泌を促進する。その結果，血糖量が（　b　）して，体全体の代謝が盛んになる。同時に交感神経は皮膚の血管を（　c　）させ，放熱を抑制する。また，脳に伝達された寒冷刺激は脳下垂体からの甲状腺刺激ホルモンの分泌を促進し，甲状腺からのチロキシンの分泌を高める。チロキシンは肝臓や筋肉など多くの組織で代謝を盛んにし，熱の産生を高める。

問1　文中の（　a　）～（　c　）に適当な語を，次の①～⑧のうちから一つ選べ。

	（ a ）	（ b ）	（ c ）		（ a ）	（ b ）	（ c ）
①	アドレナリン	上昇	拡張	②	インスリン	上昇	拡張
③	アドレナリン	上昇	収縮	④	インスリン	上昇	収縮
⑤	アドレナリン	低下	拡張	⑥	インスリン	低下	拡張
⑦	アドレナリン	低下	収縮	⑧	インスリン	低下	収縮

問2　自律神経系に関する説明として誤っているものを，次の①～⑥のうちから二つ選べ。

① 心臓の拍動を交感神経は促進し，副交感神経系は抑制する。

② 延髄から出る副交感神経は心臓や胃に分布する。

③ 中脳や延髄・脊髄から出ている交感神経もある。

④ 恐怖や過度の感情の高まりなどは，交感神経を介してさまざまな器官に伝えられる。

⑤ 自律神経系はおもに大脳の働きにより調節されている。

⑥ 自律神経系は血糖濃度調節に関係している。

問3　下線部で示す甲状腺刺激ホルモンとチロキシンとの関係を調べるために，ネズミの甲状腺を手術によって取り除いた。甲状腺刺激ホルモンの分泌量はどのように変化すると予想されるか。最も適当なものを，次の①～⑤のうちから一つ選べ。

① 甲状腺刺激ホルモンが作用する器官がなくなったので，甲状腺刺激ホルモンの分泌は減少する。

② 血液中のチロキシンの量が減少するので，甲状腺刺激ホルモンの分泌は増加する。

③ 血液中のチロキシンの量が減少するので，甲状腺刺激ホルモンの分泌は減少する。

④ 甲状腺刺激ホルモンを分泌する脳下垂体と甲状腺の間には，神経の連絡がないので，甲状腺刺激ホルモンの分泌量には変化がない。

⑤ 体全体の代謝が低下するので，甲状腺刺激ホルモンの分泌量は減少する。

解説………………

問1　ヒトが寒冷刺激にさらされると，交感神経を介して副腎髄質からアドレナリンが分泌される。その結果，血糖量が上昇して代謝が盛んになる。また，脳下垂体から甲状腺刺激ホルモンの分泌が促進され，チロキシンが分泌されることで多くの組織で代謝が盛んになる。代謝が盛んになると発熱が高まる。交感神経はホルモンの分泌以外に皮膚の血管を収縮させ，体表の血流量を減少させることで体表からの放熱が抑制される。

問2　交感神経は脊髄からだけ出ているので③は誤り。それに対し，副交感神経は中脳，延髄，脊髄から出ている。自律神経の最高中枢は視床下部で大脳による調節はない。よって，⑤は誤り。

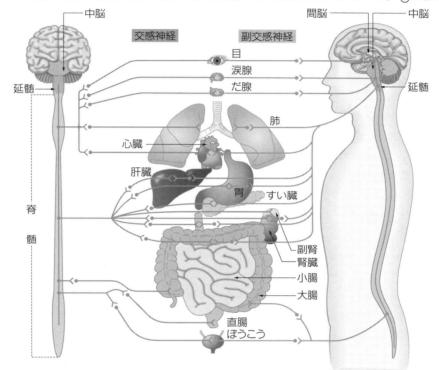

問3　甲状腺を手術によって取り除くと，チロキシンの分泌がなくなる。そのため，チロキシンの負のフィードバックによる抑制がなくなって，甲状腺刺激ホルモンの分泌が促進され，増加する。標的器官がなくともホルモンは分泌され，内分泌腺と標的器官の間に神経の連絡は不要であるため①④は誤り。⑤の代謝低下はチロキシン不足で起こるが，甲状腺刺激ホルモンの減少にはつながらない。

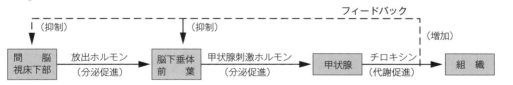

▶**Point**　負のフィードバック調節（チロキシン分泌の例）

　　　　　チロキシンの分泌量が多くなると，視床下部や脳下垂体前葉の働きは抑制される。

　　　　　チロキシンの分泌量が少なくなると，視床下部や脳下垂体前葉の働きは抑制されなくなる。

解答　　**問1**　③　　**問2**　③・⑤（順不同）　　**問3**　②

例題 ③　血糖濃度調節　　　　　　　　　　　　　　　　03　センター改●

血糖濃度調節に関する次の文章を読み，下の問いに答えよ。

体内環境を一定に維持するために働いているホルモンは，その環境に変化が生じると，合成と分泌が活発になったり不活発になったりする。図は，<u>健康なあるヒト</u>が食事を始めたときから１時間ほどたったときまでのホルモンＸとＹ，および両ホルモンの分泌に関する物質Ｚの血液中の濃度変化を模式的に示したものである。

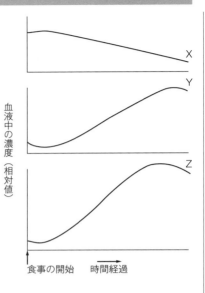

血液中の濃度（相対値）

食事の開始　時間経過

問1　図に示された範囲内で起こっているホルモンＸとＹ，および物質Ｚの濃度変化に関する記述として最も適当なものを，次の①〜④のうちから一つ選べ。

①　ＸはＹの分泌を促進している。

②　ＺはＸの分泌を促進している。

③　ＹはＸの分泌を促進している。

④　ＺはＹの分泌を促進している。

問2　図に示された範囲内での変化から考えて，ホルモンＸとＹ，および物質Ｚに相当する組合せとして最も適当なものを，次の①〜④のうちから一つ選べ。

	Ｘ	Ｙ	Ｚ
①	ノルアドレナリン	グルカゴン	グリコーゲン
②	グルカゴン	インスリン	グルコース
③	グルカゴン	ノルアドレナリン	グルコース
④	インスリン	グルカゴン	グリコーゲン

問3　ホルモンＹを分泌する器官と組織または細胞の名称を，次の①〜⑤のうちから一つ選べ。

①　すい臓ランゲルハンス島Ａ細胞　　　②　すい臓ランゲルハンス島Ｂ細胞

③　副腎皮質　　　④　副腎髄質　　　⑤　脳下垂体前葉

問4　下線部に対し，病気のヒトの中には，ホルモンＹが過剰に分泌されているタイプと，分泌が少ないタイプがある。このとき，物質Ｚの濃度は正常なヒトに比べてどうか。最も適当なものを，次の①〜④のうちから一つ選べ。

①　ホルモンＹが過剰なタイプでは物質Ｚは正常なヒトより濃度が低く，不足したタイプでは物質Ｚは正常なヒトより濃度が高い。

②　ホルモンＹが過剰なタイプでは物質Ｚは正常なヒトより濃度が高く，不足したタイプでは物質Ｚは正常なヒトより濃度が低い。

③　ホルモンＹが過剰なタイプ，不足したタイプのどちらでも，物質Ｚは正常なヒトより濃度は高い。

④　ホルモンＹが過剰なタイプ，不足したタイプのどちらでも，物質Ｚは正常なヒトより濃度は低い。

解説……………

問1　グラフをみると，物質Zが増えるのに少し遅れてホルモンYが増えている。

問2　問1の関係は，食事を始めてから血糖濃度（血液中のグルコース濃度＝血糖量）が上昇し，それに応じて血糖濃度を低下させるインスリン（Y）が増え，インスリン濃度が上昇した様子だと判断できる。また，血糖濃度を上昇させるグルカゴンは血糖濃度やインスリン濃度の上昇に対し減少するので，Xはグルカゴンと判断できる。

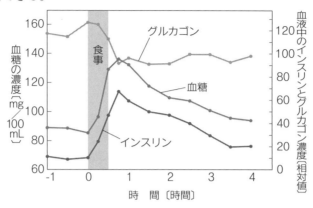

問3　インスリン（ホルモンY）を分泌するのは，すい臓ランゲルハンス島B細胞である。

> ▶**Point**　血糖濃度を上昇させるホルモン：グルカゴン（すい臓ランゲルハンス島A細胞）
> 　　　　　　　　　　　　　　　　　アドレナリン（副腎髄質）
> 　　　　　　血糖濃度を低下させるホルモン：インスリン（すい臓ランゲルハンス島B細胞）

問4　インスリン（ホルモンY）の分泌が異常な病気は糖尿病である。糖尿病患者は正常なヒトより血糖濃度が高い状態が続く。血糖濃度が高いと腎臓におけるグルコース（物質Z）の再吸収が十分にできないので，尿中にグルコースが含まれるようになる。そのため，糖尿病とよばれる。インスリンが過剰なので，血糖濃度は低くなると考えがちであるが，実態は標的器官のインスリン感受性が低下しているためにインスリン濃度が過剰になっているわけである。症状としては，インスリン不足のときと同様に血糖濃度は高くなる。これとは逆に，インスリンが不足しているときにも血糖濃度は高くなる。

> ▶**Point**　糖尿病
> 　　　　**インスリンの分泌が低下**：すい臓ランゲルハンス島B細胞の機能が低下して，インスリンが分泌
> 　　　　　　　　　　　　　　　　されないため血糖濃度が高い。
> 　　　　**インスリンの分泌が過剰**：標的器官のインスリン感受性が低下して血糖濃度の高い状態になるた
> 　　　　　　　　　　　　　　　　め，フィードバックによりインスリン分泌が過剰になる。

解答　問1　④　　問2　②　　問3　②　　問4　③

例題 ④　体液濃度の維持，腎臓　　　　　　　　　　　　　　　98　センター改●

体液濃度に関する次の文章（**A・B**）を読み，下の問いに答えよ。

A　下の図は水生無脊椎動物や魚類，陸生動物の体液の塩類濃度を淡水や海水の塩類濃度と比較してまとめたものである。

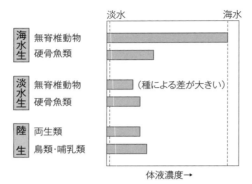

体液濃度→

問1　図の動物の中で体液濃度の調節をほとんどしていない動物を，次の①〜⑥のうちから一つ選べ。

① 海水生無脊椎動物　　　② 海水生硬骨魚類

③ 淡水生無脊椎動物　　　④ 淡水生硬骨魚類

⑤ 陸生両生類　　　　　　⑥ 陸生鳥類・哺乳類

問2　淡水生硬骨魚類と海水生硬骨魚類の比較において誤っているものを，次の①〜④のうちから一つ選べ。

① 淡水生硬骨魚類では体内に過剰な水が入ってくるのに対し，海水生硬骨魚類で体外へ水が出ていく。

② 淡水生硬骨魚類は大量の尿を排出するが，海水生硬骨魚類の尿量は少ない。

③ 淡水生硬骨魚類では塩類細胞から無機塩類を排出するのに対し，海水生硬骨魚類では塩類細胞から無機塩類を積極的に吸収する。

④ 海水生硬骨魚類は海水を飲み無機塩類とともに水を吸収するのに対し，淡水生硬骨魚類はほとんど水を飲まない。

B　哺乳類では，おもに腎臓が体液の塩類濃度調節を行っている。腎臓では，ネフロンの腎小体で糸球体という血管を通る血液がろ過されてボーマンのうへ出ていき，原尿がつくられる。原尿は細尿管（腎細管）へ送られ，水，塩類等が再吸収され，さらに集合管を経て，残りの成分が尿として体外へ出ていく。腎臓の働きはホルモンによって調節されている。例えば，脳下垂体　　ア　　から分泌されるバソプレシンは腎臓に作用し，体液中の水を　　イ　　働きを示す。したがって，ネズミで脳下垂体を除去すると，尿の量は　　ウ　　する。脳下垂体以外で，塩類濃度調節にかかわるホルモンを分泌する内分泌腺として　　エ　　がある。

問3　文章中の　　ア　・　エ　　に入る最も適当な語を，次の①〜⑥のうちからそれぞれ一つずつ選べ。

① 前葉　　　② 中葉　　　③ 後葉

④ 甲状腺　　⑤ 副腎髄質　⑥ 副腎皮質

問4　文章中の　　イ　・　ウ　　に入る語句の組合せとして正しいものはどれか。次の①〜④のうちから一つ選べ。

	イ	ウ		イ	ウ
①	保持する	増加	②	体外に出す	増加
③	体外に出す	減少	④	保持する	減少

解説……………

　　左ページのグラフは，体液濃度調節の例として，これまでよく出題されているので注意しておくとよい。

問1　生息する場所の塩類濃度より体液の塩類濃度が低ければ，体内から外に水が出ていく。生息する場所の塩類濃度より体液の塩類濃度が高ければ，外から体内に水が入ってくる。生息場所と体液の塩類濃度が異なる場合は水の移動があるので，体液濃度の調節をしないと体液濃度を維持することはできない。生息場所の塩類濃度と体液の塩類濃度が等しい場合には，水はほとんど移動せず，体液濃度を調節する必要はない。問題文中の図の動物の中で，体液濃度が生息場所と同じ海水生無脊椎動物は，体液濃度の調節をほとんどしていないと考えられる。

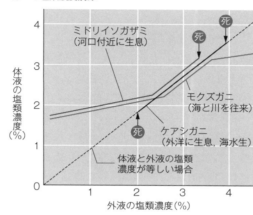

カニの塩類濃度調節

問2　淡水生硬骨魚類は体液濃度が淡水より高いので，体内に水が入ってくる。そのため，水をほとんど飲まず，薄い尿を多量に排出する。また，塩類細胞から無機塩類を積極的に吸収する。海水生硬骨魚類は体液の濃度が海水より低いので，体内から水が出ていく。そのため，海水を飲み，水とともに多量の無機塩類も吸収するが，無機塩類は鰓（えら）から積極的に排出する。また，排出する水の量を減らすため尿量は少ない。よって，③が誤りである。

問3，4　腎臓にはネフロン（腎単位）という老排物の処理を行うしくみがある。ヒトの場合は一つの腎臓に約100万ずつある。糸球体を通る血液はろ過されてボーマンのうに出ていき原尿がつくられる。原尿は細尿管（腎細管）へ送られ，グルコースのすべて，水や無機塩類のほとんどは再吸収される。それに対し，尿素などの老廃物はあまり再吸収されず，ほとんどが排出される。腎臓の働きは脳下垂体後葉から分泌されるバソプレシンや副腎皮質から分泌される鉱質コルチコイドにより調節される。バソプレシンは集合管における水の再吸収を促進し，鉱質コルチコイドは細尿管におけるナトリウムイオンの再吸収を促進する。

▶Point　ヒトの腎臓

　　腎単位＝糸球体＋ボーマンのう＋細尿管（腎細管）
　　血液中の血しょうに含まれる成分の多くが，糸球体からボーマンのうにろ過される。タンパク質や血球はろ過されない。
　　細尿管では再吸収が行われる。グルコースのすべて，水や無機塩類のほとんどは再吸収される。集合管で再吸収される物質もある。

解答　　問1　①　　問2　③　　問3　ア−③　エ−⑥　　問4　①

例題 5　免疫

免疫に関する次の文章（**A・B**）を読み，下の問いに答えよ。

A　獲得免疫では，体液性免疫と細胞性免疫という二つのしくみが働く。これらの免疫は自然免疫とは異なり，体液に侵入した異物を区別したうえで体から排除する。

以下の図は体液性免疫にかかわる細胞の関係を模式的に示したものである。

$$
\begin{array}{c}
 & & & & & & & (\ \textbf{ウ}\ ) \\
(\ \textbf{ア}\ ) & \rightarrow & 抗原提示 & \rightarrow & (\ \textbf{イ}\ ) & \rightarrow 増殖促進 \rightarrow & \downarrow \\
 & & & & & & (\ \textbf{エ}\ )
\end{array}
$$

問1　（　**ア**　）～（　**エ**　）に適当な語を，次の①～⑥のうちから一つずつ選べ。

① キラー T 細胞　　② ヘルパー T 細胞　　③ 樹状細胞

④ B細胞　　　　　⑤ 抗体産生細胞　　　⑥ 赤血球

問2　（　**エ**　）は抗原と特異的に結合する抗体をつくる。この物質に関する説明で誤っているものを，次の①～④のうちから一つ選べ。

① この物質はタンパク質で，免疫グロブリンとよばれる。

② この物質に抗原がつく部分は2か所ある。

③ 一度つくられると，その物質濃度は高い状態が維持される。

④ この物質が抗原と結合すると，マクロファージにより処理される。

B　体内に侵入した異物の多くは，食作用などの自然免疫によって排除されるが，自然免疫で排除しきれなかった異物に対しては，獲得免疫が働く。獲得免疫では，抗原に対して特異的に応答するB細胞・T細胞が増殖するが，その一部は攻撃に参加せず保存され，記憶細胞になって残される。

問3　物質Xが二度侵入した後，異なる物質Yが侵入した。このときの抗体の産生量の変化として最も適当なものを，次の①～⑤のうちから一つ選べ。

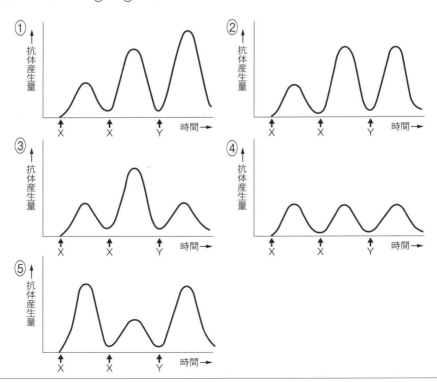

解説……………

問1　病原体などの異物を取り込んだ樹状細胞は，病原体を断片化して細胞表面に提示（抗原提示）する。その抗原を担当するヘルパーT細胞は抗原を認識して活性化して増殖する。一部のT細胞は記憶細胞として残る。また，抗原を受容したB細胞は，活性化したヘルパーT細胞の作用を受け増殖し，記憶細胞と抗体産生細胞（形質細胞）に分化する。抗体産生細胞は抗原と反応する抗体を産生，放出する。抗体は抗原と特異的に結合し，抗体を排除する。

問2　①抗体は免疫グロブリンというタンパク質である。

②抗体には可変部よばれる部分が2か所あり，それぞれ抗原と特異的に結合する。

③抗体は抗原の侵入により抗体産生細胞によって産生されるが，産生される時間は一定時間である。また，放出された抗体は一定時間が経つと分解されるので，物質濃度は高い状態を維持されることはない。

④抗体と結合した抗原はマクロファージなどの食細胞によって認識されやすくなり，食作用によって体細胞から排除される。

よって，③が誤り。

問3　獲得免疫では侵入した抗原に対して特異的に応答するT細胞やB細胞の記憶細胞ができる。再び同じ抗原が侵入すると，記憶細胞がすばやく増殖してすみやかに強い免疫反応が起こる。これを二次応答という。二次応答するのは同じ抗原に対してであり，異なる抗原に対して二次応答は起こらない。よって，Xの二度目の侵入のときは抗体の産生量はすみやかに増加し，産生量は多くなる。Yの侵入は一度目なのでXの一度目の侵入のときと同じような産生量の変化をする。

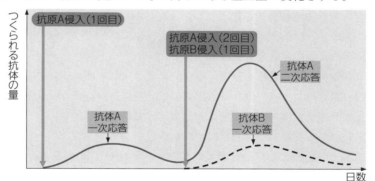

▶**Point**　獲得免疫において働くT細胞やB細胞は，抗原それぞれに特異的に応答する細胞が存在する。一度侵入した抗原に対して記憶細胞が形成され，二度目の同じ抗原の侵入に対してはすみやかで強い応答が起こる。

解答　　**問1**　ア-③　　イ-②　　ウ-④　　エ-⑤　　**問2**　③　　**問3**　③

演　習　問　題

12 酸素解離曲線　10分　恒常性に関する次の文章を読み，下の問いに答えよ。

　ア血液の機能の一つに物質運搬がある。消化器官から吸収された栄養分，内分泌腺から分泌されたホルモン，そして酸素の運搬は血液の重要な機能である。脊椎動物の血液には可逆的に酸素と結合するヘモグロビンとよばれるタンパク質が大量に含まれるため，酸素の運搬効率が高い。一方，筋肉中にはヘモグロビンと同様に可逆的に酸素と結合するタンパク質のミオグロビンが存在する。これらのタンパク質の酸素結合力の違いから，ヘモグロビンとミオグロビンの間で酸素の移動が起こる。酸素運搬におけるヘモグロビンとミオグロビンの役割を考えるため，以下の実験を行った。

実験　ある哺乳類の血液と筋肉から，それぞれヘモグロビンとミオグロビンの抽出液を得た。温度と二酸化炭素の濃度を一定にし，さまざまな酸素の濃度のもとで，ヘモグロビンあるいはミオグロビンが酸素と結合する割合を調べ，酸素解離曲線を作成した（図１）。また，図に示した酸素解離曲線のときとイ二酸化炭素濃度をかえて同様な実験を行い，ヘモグロビンの酸素解離曲線を作成した。

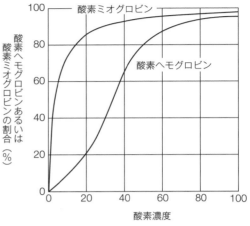

図１　ヘモグロビンとミオグロビンの酸素解離曲線
(注) 横軸の酸素濃度は，肺胞での濃度を100とした場合の相対値で示す。

問1　下線部**ア**に関連して，ヒトの血液に関する記述で誤っているものを，次の①〜⑤のうちから一つ選べ。
① 血液には緩衝作用や体温の急変を防ぐ働きがある。
② 酸素ヘモグロビンが多く，鮮紅色をしている血液は動脈血とよばれる。
③ 心臓から肺に押し出された血液が流れる肺動脈では，動脈血が流れる。
④ 各組織で生じた二酸化炭素は大部分が血しょうに溶けて肺に運ばれる。
⑤ 左心室内には動脈血が右心室内には静脈血が流れ込む。

問2　図１から読み取れることの記述として最も適当なものを，次の①〜④のうちから一つ選べ。
① 酸素濃度が40から20に減少するとき，酸素ミオグロビンの割合は，酸素ヘモグロビンの割合に比べて大きく低下する。
② 酸素濃度20における酸素ミオグロビンの割合と酸素ヘモグロビンの割合の差は，酸素濃度40のときに比べて大きい。
③ 全体の50％が酸素と結合したときの酸素濃度は，ヘモグロビンよりもミオグロビンの方が高い。
④ 酸素濃度が20のとき，酸素ヘモグロビンの割合は，酸素ミオグロビンの割合より高い。

問3　下線部**イ**に関して，二酸化炭素濃度の変化によって酸素解離曲線はどのように変化するか。最も適当なものを，次の①〜⑤のうちから一つ選べ。
① 図の条件のときより二酸化炭素濃度が高いと，グラフは右下に移動する。
② 図の条件のときより二酸化炭素濃度が低いと，グラフは右下に移動する。
③ 二酸化炭素の濃度にかかわらず，図の条件のときと同じ酸素解離曲線になる。
④ 図の条件のときより二酸化炭素濃度が高いと，酸素濃度が高い範囲では，グラフは右下に，低い範囲では左上になる。
⑤ 図の条件のときより二酸化炭素濃度が低いと，酸素濃度が高い範囲では，グラフは右下に，低い範囲では左上になる。

問4 実験の結果からヘモグロビンとミオグロビンはどのような役割をもつと考えられるか。最も適当なものを，次の①〜④のうちから一つ選べ。

① 筋肉では，酸素ヘモグロビンは酸素を離し，ミオグロビンがその酸素と結合することにより，酸素が蓄えられる。

② 筋肉では，酸素ミオグロビンは酸素を離し，ヘモグロビンが酸素と結合することにより，酸素が蓄えられる。

③ 酸素ミオグロビンと酸素ヘモグロビンは，酸素濃度が高くなるとより多くの酸素を離すため，酸素が筋肉に供給される。

④ 筋肉では，ヘモグロビンが酸素と結合する割合はミオグロビンよりも高いため，酸素が筋肉に供給される。

10　センター改●

13 恒常性　6分　体内環境の調節に関する以下の文章を読み，下の問いに答えよ。

　ヒトの体内環境の恒常性を維持するしくみには，(a)自律神経系により調節されているものや，ホルモンにより調節されているものがある。また，(b)体温の調節や(c)血糖濃度の調節などのように，自律神経系とホルモンが協調的に働いている場合もある。

問1 下線部(a)に関する記述として適当なものを，次の①〜⑥のうちから二つ選べ。ただし，解答の順序は問わない。

① 自律神経系は，感覚器官や骨格筋を支配する末梢（まっしょう）神経系である。

② 自律神経系の主たる中枢は，小脳である。

③ 交感神経は，中脳および延髄から出る。

④ 交感神経の活動は，緊張時や運動時に高まっている。

⑤ 副交感神経は，すべての器官の働きを抑制する。

⑥ 副交感神経の末端からは，アセチルコリンが分泌される。

問2 下線部(b)に関連して，体温が低下したときの体温調節に関する記述として最も適当なものを，次の①〜⑤のうちから一つ選べ。

① 副腎髄質から糖質コルチコイドが分泌され，心臓の拍動を促進して，血液の熱を全身に伝える。

② 副腎皮質からアドレナリンが分泌され，心臓の拍動を促進して，血液の熱を全身に伝える。

③ 脳下垂体後葉から甲状腺刺激ホルモンが分泌され，肝臓や筋肉の活動を促進する。

④ 皮膚の血管に分布している交感神経が興奮して，皮膚の血管が収縮する。

⑤ 立毛筋に分布している副交感神経が興奮して，立毛筋が収縮する。

問3 下線部(c)にかかわるホルモンの一つにグルカゴンがある。自律神経系とグルカゴンによる血糖濃度の調節に関して，次の文章中の ア 〜 エ に入る語として最も適当なものを，下の①〜⑥のうちからそれぞれ一つ選べ。

　血糖濃度が ア すると， イ が刺激されて， ウ 神経が興奮する。その結果，すい臓のランゲルハンス島のA細胞からグルカゴンが分泌され，血糖濃度が エ する。

① 上昇　　② 低下　　③ 視床下部　　④ 脳下垂体　　⑤ 交感　　⑥ 副交感

13　センター改●

14 体液濃度の維持　腎臓　10分　体液の塩類濃度調節と腎臓の働きに関する次の文章（A・B）を読み，下の問いに答えよ。

A　体液の塩類濃度（組成・浸透圧）を一定に保つことは，細胞が安定して活動するために必要な条件である。体液の塩類濃度は，おもにナトリウムイオンと塩素イオンの濃度により決まる。図の矢印は，海水魚と淡水魚における，ナトリウムイオンの体液への流入と体液からの流出のおもな経路を示している。海水魚では，体液の塩類濃度が海水より　ア　いため，水が体液から失われやすい。一方，淡水魚では，体液の塩類濃度が淡水より　イ　く，水が体液へ入ってくる。　ウ　は水をほとんど飲まず多量の薄い尿を出す。一方，　エ　は多量の水を飲み体液とほぼ等しい濃度の尿を少量出す。このように飲水量および尿の塩類濃度と量は，体液の塩類濃度を保持するのに適したものとなっている。鰓も体液の塩類濃度調節に深くかかわっている。濃度勾配に逆らうナトリウムイオン輸送には，体内でつくられたATPのエネルギーが使われる。動物はエネルギーを消費して，体液の恒常性を保っているのである。

海水魚　　淡水魚

← 体液への流入　⇐ 体液からの流出

問1　文章中の　ア　～　エ　に入る語の組合せとして正しいものはどれか。次の①～④のうちから一つ選べ。

	ア	イ	ウ	エ
①	高	低	海水魚	淡水魚
②	高	低	淡水魚	海水魚
③	低	高	海水魚	淡水魚
④	低	高	淡水魚	海水魚

問2　図の矢印a～fで示したナトリウムイオンの流入・流出経路のうち，エネルギーを使う能動的なものはどれか。最も適当な組合せを，次の①～⑤のうちから一つ選べ。

① a，b　　② a，b，c，f　　③ a，b，e　　④ a，c，d，f　　⑤ c，d，f

B　健康なヒトの血しょう・原尿・尿の成分を調べると下の表1のようになった。測定に使ったイヌリンは植物がつくる多糖類の一種で，ヒトの体内では利用されない物質である。イヌリンを静脈に注射すると，糸球体からボーマンのうへろ過されるものすべてが，その後，再吸収されずにただちに尿中に排出される。このイヌリンの性質を利用して，濃縮率をもとに尿量から原尿量を求めることができる。

表1

成　分	血しょう（%）	原尿（%）	尿（%）
タンパク質	7.2	0	0
グルコース	0.1	0.1	0
ナトリウムイオン	0.3	0.3	0.34
カルシウムイオン	0.008	0.008	0.014
クレアチニン	0.001	0.001	0.075
尿素	0.03	0.03	2
尿酸	0.004	0.004	0.054
イヌリン	0.1	0.1	12

問3　イヌリン以外で濃縮率が最も高いものを，次の①～⑦のうちから一つ選べ。

① タンパク質　　② グルコース　　③ ナトリウムイオン　　④ カルシウムイオン
⑤ クレアチニン　　⑥ 尿素　　⑦ 尿酸

問4 イヌリンの濃縮率をもとに，1 日あたりの原尿生成量を求め，最も近い値を，次の①〜⑤のうちから一つ選べ。ただし，尿は 1 分間に 1 mL 生成されるものとする。

① 3L　　②　7L　　③　24L　　④　170L　　⑤　210L

問5 尿量の減少に働くホルモンの説明として最も適当なものを，次の①〜⑤のうちから一つ選べ。

① 腎臓の集合管で水分の再吸収を抑制する。
② 腎臓の集合管で無機塩類の吸収を抑制する。
③ 神経分泌細胞から直接分泌される。
④ 脳下垂体前葉から分泌される。
⑤ 神経分泌細胞からのホルモンにより分泌が調節される。

98　センター改●

---

15 内分泌系　6分　内分泌系に関する次の文章を読み，下の問いに答えよ。

　　ホルモンを分泌する内分泌腺には，脳下垂体，ア副甲状腺，甲状腺，副腎，すい臓ランゲルハンス島などがあり，その働きはホルモンおよび自律神経によって調節されている。例えば，甲状腺からのイチロキシンの分泌は，脳下垂体前葉から分泌される甲状腺刺激ホルモンにより調節され，甲状腺刺激ホルモンの分泌は，甲状腺刺激ホルモン放出ホルモンによって調節されている。

　　ホルモンの分泌の異常によって，さまざまな疾患が引き起こされる。甲状腺に関する疾患も存在する。いろいろな原因があり，症状もさまざまである。例えば，疾患Aは，甲状腺刺激ホルモンと同じ働きをする物質が体内でつくられることが原因で起こる。また，疾患Bは，炎症によって甲状腺の細胞が傷ついて，貯蔵されていたチロキシンがもれ出てしまうことで起こる。疾患Cは，甲状腺の細胞が炎症を起こして，甲状腺機能が低下して起こる。

問1 下線部アから分泌されるホルモンを，次の①〜⑥のうちから一つ選べ。

①　バソプレシン　　②　糖質コルチコイド　　③　パラトルモン
④　アドレナリン　　⑤　グルカゴン　　⑥　成長ホルモン

問2 下線部イのチロキシンの働きとして最も適当なものを，次の①〜⑥のうちから一つ選べ。

①　血管の収縮を促進し，血圧を上昇させる。
②　血糖濃度を低下させる。
③　血液中のカルシウム濃度を上昇させる。
④　成長を促進する。
⑤　甲状腺刺激ホルモン放出ホルモンの分泌を促進する。
⑥　さまざまな代謝を促進する。

問3 疾患A，B，Cの患者のチロキシン，および甲状腺刺激ホルモンの血中濃度がどのように変化しているか，それぞれの状態として適当なものを，次の①〜⑧のうちから一つずつ選べ。ただし，同じ番号を繰り返し選んでもよい。　A ▢1▢　B ▢2▢　C ▢3▢

	チロキシン	甲状腺刺激ホルモン		チロキシン	甲状腺刺激ホルモン
①	高い	高い	②	高い	正常
③	高い	低い	④	正常	高い
⑤	正常	低い	⑥	低い	高い
⑦	低い	正常	⑧	低い	低い

16 自律神経と内分泌系 〔10分〕 恒常性に関する次の文章（**A・B**）を読み，下の問いに答えよ。

A 脊椎動物は，心臓・血管・リンパ管を用いて体液を循環させている。心臓は血液を循環させる働きを担っている。心臓の拍動の調節のしくみを調べるため，カエルの心臓を使って**実験1 〜 4**を行った（右図）。

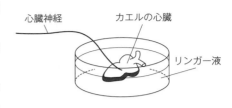

実験1 カエルの心臓の拍動は，2種類の自律神経である神経Xと神経Yを含む心臓神経で調節されている。カエルの心臓を心臓神経をつけた状態で取り出し，リンガー液中に浸したところ，心臓は拍動を続けた。

実験2 神経Yの働きを抑える化学物質をリンガー液に加えて心臓神経を電気刺激すると，拍動が遅くなった。この心臓を取り除き，拍動している別の心臓をこのリンガー液に浸したところ，その拍動も遅くなった。

実験3 神経Xの働きを抑える化学物質をリンガー液に加えて心臓神経を電気刺激したところ，拍動は速くなった。

実験4 心臓を直接電気刺激すると，刺激している間は拍動が乱れたが，刺激をやめると拍動はすぐにもとに戻った。

問1 実験1 〜 4の結果を説明する記述として最も適当なものを，次の①〜⑤のうちから一つ選べ。

① 取り出した心臓がリンガー液中で拍動するには，常に神経Xと神経Yの働きが必要である。

② 電気刺激された神経Xを介して心臓が電気刺激され，拍動を遅くする化学物質が心臓から放出された。

③ 神経Xが電気刺激されたことにより，拍動を遅くする化学物質が神経Xの末端から放出された。

④ 神経Xが電気刺激されたことにより，拍動を遅くする化学物質が神経Yの末端から放出された。

⑤ 神経Xが電気刺激されたことにより，化学物質が神経Xの末端から放出され，それが別の心臓の神経Yを刺激して拍動を遅くした。

問2 神経Xと神経Yは，ほかの器官にも分布している。その働きの組合せとして最も適当なものを，次の①〜⑥のうちから一つ選べ。

	神経X	神経Y
①	血管の収縮	瞳孔の拡大
②	立毛筋の弛緩	副腎髄質からのホルモン分泌の促進
③	気管支の収縮	すい臓からのインスリン分泌の促進
④	副腎髄質からのホルモン分泌の抑制	気管支の拡張
⑤	瞳孔の縮小	立毛筋の収縮
⑥	発汗の促進	血管の拡張

問3 実験4で使ったリンガー液に，拍動している別の心臓を入れた場合にその心臓の拍動はどうなるか。予想される結果として最も適当なものを，次の①〜⑤のうちから一つ選べ。

① 拍動はすぐに速くなるが，やがてもとに戻る。

② 拍動はすぐに遅くなるが，やがてもとに戻る。

③ 拍動はすぐに乱れるが，やがてもとに戻る。

④ 拍動はすぐに遅くなり，やがて停止する。

⑤ 拍動はすぐにはかわらない。

B　ホルモンの作用を知るため，マウスの特定の器官を除去し，その影響を調べる実験が行われることがある。実験に用いるマウスは，室温を一定に保った清潔な飼育室で，飼料と水を常時与えられて飼育される。

問4　マウスのある内分泌腺を除去したところ，そのマウスは尿を多量に出すようになった。この結果から，除去された内分泌腺が分泌していた可能性のあるホルモンとして最も適当なものを，次の①〜④のうちから一つ選べ。

① 膀胱（ぼうこう）を拡張させるホルモン

② 尿をつくらせるホルモン

③ 小腸の機能に関係したホルモン

④ 腎臓の機能に関係したホルモン

問5　脳下垂体を除去した場合，マウスの体内で起こると考えられる変化として最も適当なものを，次の①〜④のうちから一つ選べ。

① グルカゴンの分泌が低下するので心拍数が上昇する。

② チロキシンの分泌が低下するので酸素消費量が減少する。

③ パラトルモンの分泌が低下するので血圧が下がる。

④ バソプレシンの分泌が低下するので血糖量が増加する。

問6　ホルモンの作用に関する記述として誤っているものを，次の①〜⑦のうちから二つ選べ。ただし，解答の順序は問わない。

① ホルモンは赤血球によって運ばれるので，血管から離れた場所の組織には作用しない。

② 一つのホルモンの作用は決まっていても，いくつかのホルモンが共同して働くので，さまざまな生理機能を制御できる。

③ あるホルモンは，特定の器官（標的器官）にのみ作用する。

④ 自律神経の刺激によって分泌されるホルモンもある。

⑤ 視床下部には，血液中のグルコース濃度の上昇を感じ，神経を通じてその濃度を低下させるホルモンの分泌を促す中枢がある。

⑥ 動物は，体内でホルモンを合成できないので，食物として摂取し利用している。

⑦ 一つの内分泌腺から複数のホルモンが分泌されている場合もある。

03　センター改，08　センター改●

17　**血糖濃度の調節**　10分　血糖濃度調節に関する次の文章を読み，下の問いに答えよ。

　インスリンはすい臓から産生されるホルモンで，血糖濃度調節に主要な役割を果たす。高血糖を（　a　）で感知すると，その刺激は（　b　）神経によりすい臓ランゲルハンス島B細胞に伝わる。また，高血糖をランゲルハンス島B細胞が直接感知すると，B細胞からインスリンが分泌される。インスリンの作用により細胞内へのグルコースの取り込みが促進されたり，肝臓でのグルコースから（　c　）への合成が促進されたりすると血糖濃度が低下して通常に戻る。

　インスリンが適切に働かなくなると，高血糖状態が持続し，糖尿病を引き起こす。この原因としては，すい臓のランゲルハンス島B細胞が正常にインスリンを分泌できなくなったり，標的細胞が正常にグルコースを取り込むことができなくなるなど，いろいろなものがある。

問1　文中の（　a　）〜（　c　）に入る語の組合せとして最も適当なものを，次の①〜⑧のうちから一つ選べ。

	（ a ）	（ b ）	（ c ）
①	視床下部	交感	デンプン
②	視床下部	交感	グリコーゲン
③	視床下部	副交感	グリコーゲン
④	視床下部	副交感	デンプン
⑤	脳下垂体	交感	デンプン
⑥	脳下垂体	交感	グリコーゲン
⑦	脳下垂体	副交感	グリコーゲン
⑧	脳下垂体	副交感	デンプン

問2 低血糖で働くホルモンとそれを分泌する部分の組合せとして適当なものを，次の①〜⑥のうちから一つ選べ。

① アドレナリン・副腎皮質　　② アドレナリン・甲状腺

③ グルカゴン・副腎髄質　　④ グルカゴン・副腎皮質

⑤ 糖質コルチコイド・甲状腺　　⑥ 糖質コルチコイド・副腎皮質

問3 糖尿病において多量の糖が排出される原因として適当なものを，次の①〜④のうちから一つ選べ。

① グルコースのろ過量は増加しないが，細尿管での再吸収量が減少する。

② グルコースのろ過量は増加しないが，細尿管での再吸収が十分にできない。

③ グルコースのろ過量は増加するが，細尿管での再吸収量が変化しない。

④ グルコースのろ過量は増加するが，細尿管での再吸収量が減少する。

問4 下線部について，食事後，すい臓のランゲルハンス島Ｂ細胞が正常にインスリンを分泌できなくなるときと，標的細胞が正常にグルコースを取り込むことができなくなるときの血糖濃度とインスリン濃度の変化として適当なものを，次の①〜⑥のうちから一つずつ選べ。

正常にインスリンを分泌できない　　[1]

標的細胞が正常にグルコースを取り込めない　　[2]

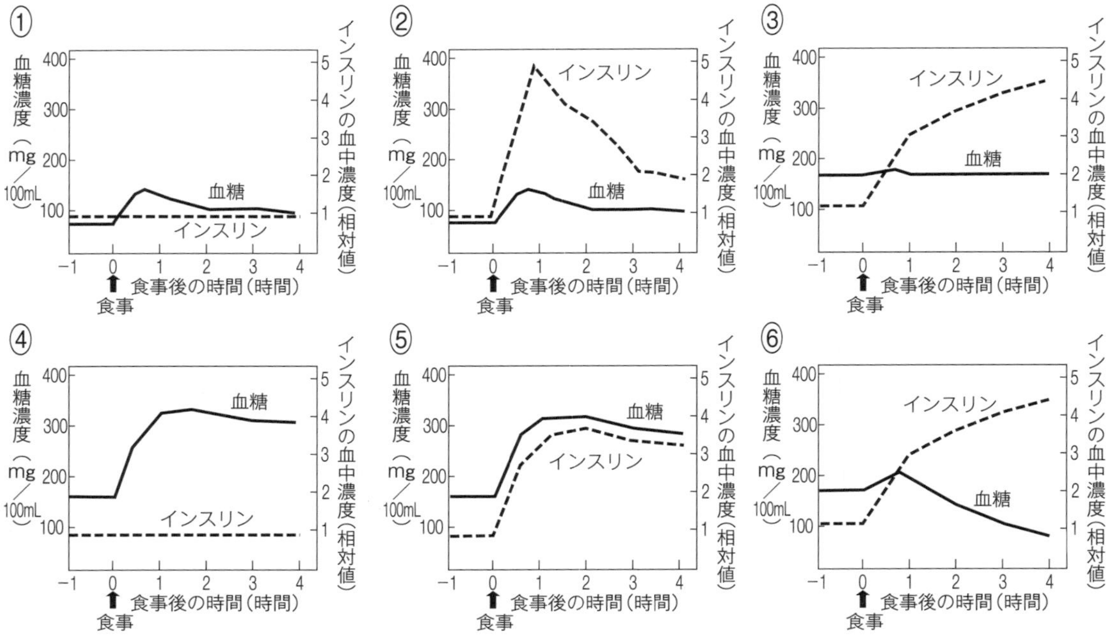

18 獲得免疫　6分　獲得免疫に関する以下の文章を読み，下の問いに答えよ。

獲得免疫には，(a) 細胞性免疫と，抗体の働きによる (b) 体液性免疫があり，体内から病原体や毒物を排除している。

問1 下線部 **(a)** に関連して，次の文章中の ア ～ ウ に入る語句として最も適当なものを，下の①～⑥のうちからそれぞれ一つ選べ。

体内に侵入した抗原は図1に示すように，免疫細胞Pに取り込まれて分解される。免疫細胞QおよびRは抗原の情報を受け取り活性化し，免疫細胞Qは別の免疫細胞Sの食作用を刺激して病原体を排除し，免疫細胞Rは感染細胞を直接排除する。免疫細胞の一部は記憶細胞となり，再び同じ抗原が体内に侵入すると急速で強い免疫反応が起きる。免疫細胞Pは ア であり，免疫細胞Qは イ である。免疫細胞P～Sのうち記憶細胞になるのは ウ である。

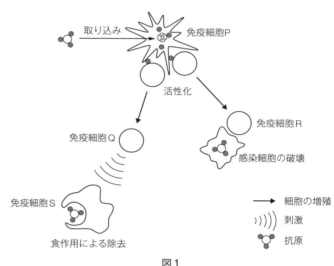

図1

① マクロファージ　　② 樹状細胞　　③ キラー T 細胞　　④ ヘルパー T 細胞
⑤ PとS　　　　　　⑥ QとR

問2 下線部 **(b)** に関連して，抗体の産生に至る免疫細胞間の相互作用を調べるため，実験を行った。実験の結果の説明として最も適当なものを，下の①～⑤のうちから一つ選べ。

実験 マウスからリンパ球を採取し，その一部をB細胞およびB細胞を除いたリンパ球に分離した。これらと抗原とを図2の培養条件のように組合せて，それぞれに抗原提示細胞（抗原の情報をリンパ球に提供する細胞）を加えた後，含まれるリンパ球の数が同じになるようにして，培養した。4日後に細胞を回収し，抗原に結合する抗体を産生している細胞の数を数えたところ，図2の結果が得られた。

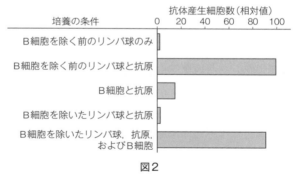

図2

① B細胞は，抗原が存在しなくても抗体産生細胞に分化する。
② B細胞の抗体産生細胞への分化には，B細胞以外のリンパ球は関与しない。
③ B細胞を除いたリンパ球には，抗体産生細胞に分化する細胞が含まれる。
④ B細胞を除いたリンパ球には，B細胞を抗体産生細胞に分化させる細胞が含まれる。
⑤ B細胞を除いたリンパ球には，B細胞が抗体産生細胞に分化するのを妨げる細胞が含まれる。

20　センター改●

19 免疫 10分　免疫に関する次の文章を読み，下の問いに答えよ。

マウスを用いて，次のような皮膚の移植実験を行った。

実験1　A系統マウスの皮膚を切除し，その部分のB系統の皮膚を移植したところ，移植片は10日程度で脱落した。

実験2　実験1で移植片を拒絶したA系統マウスに対し，移植片脱落後3週目に正常なB系統およびC系統マウスの皮膚を再移植した。

実験3　実験1で移植片を拒絶したA系統マウス（複数）から，血清と，脾臓の細胞を含んだ生理的塩類溶液（脾細胞浮遊液）を調整し，それぞれ別に，移植を受けていないA系統マウス（複数）に注射した。その後，これらのA系統マウスにB系統マウスの皮膚を移植した。その結果，血清を注射されたマウスでは移植後10日程度で，脾細胞浮遊液を注射されたマウスでは5日程度で移植片が脱落した。

問1　ヒトの移植で移植片が生着する例として適当なものを，次の①〜⑤のうちからすべて選べ。
① 自分の体の皮膚を，切除したところ以外に移植する。
② 一卵性双生児の兄弟の皮膚を，兄から弟へ移植する。
③ 二卵性双生児の兄弟の皮膚を，兄から弟へ移植する。
④ 母親の皮膚を娘に移植する。
⑤ 母親の皮膚を息子に移植する。

問2　実験2の結果として最も適当なものを，次の①〜④のうちから一つ選べ。
① B系統，C系統マウスの移植片とも10日程度で脱落した。
② B系統，C系統マウスの移植片とも5日程度で脱落した。
③ B系統マウスの移植片は5日程度で，C系統マウスの移植片は10日程度で脱落した。
④ B系統マウスの移植片は10日程度で，C系統マウスの移植片は5日程度で脱落した。

問3　実験3の血清と脾細胞の違いは何か。最も適当なものを，次の①〜④のうちから一つ選べ。
① 血清には移植片に対する記憶細胞が含まれるが，脾細胞には移植片に対する抗体産生細胞が含まれる。
② 血清には移植片に反応する細胞は含まれないが，脾細胞には移植片に対する記憶細胞が含まれる。
③ 血清には移植片を攻撃する抗体産生細胞が含まれるが，脾細胞には移植片に対する記憶細胞が含まれる。
④ 血清には移植片に反応する細胞は含まれないが，脾細胞には移植片に対する抗体産生細胞が含まれる。

問4　移植片に対する拒絶反応と同様なしくみの反応として適当なものを，次の①〜⑤のうちからすべて選べ。
① 花粉アレルギー　　②　ウイルス感染細胞に対する反応
③ 血液の凝集反応　　④　がん細胞に対する反応　　⑤　血清療法による治療

20 免疫のしくみ 5分 免疫に関する次の文章を読み，下の問いに答えよ。

ヒトの体内に侵入した病原体は，(a)自然免疫の細胞と獲得免疫（適応免疫）の細胞が協調して働くことによって，排除される。自然免疫には，(b)食作用を起こすしくみもあり，獲得免疫には(c)一度感染した病原体の情報を記憶するしくみもある。

問1 下線部**(a)**に関連して，図1はウイルスが初めて体内に侵入してから排除されるまでのウイルスの量と2種類の細胞の働きの強さの変化を表している。ウイルス感染細胞を直接攻撃する図1の細胞ⓐと細胞ⓑのそれぞれに当てはまる細胞として最も適当なものを，下の①〜④のうちからそれぞれ一つ選べ。

ⓐ **1** ⓑ **2**

① キラー T 細胞
② ヘルパー T 細胞
③ マクロファージ
④ ナチュラルキラー細胞

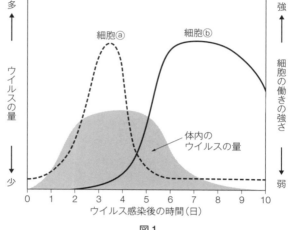

図1

問2 下線部**(b)**に関連して，食作用をもつ白血球を，次の①〜③のうちからすべて選べ。

① 好中球　② 樹状細胞　③ リンパ球

問3 下線部**(c)**に関連して，以前に抗原を注射されたことがないマウスを用いて，抗原を注射した後，その抗原に対応する抗体の血液中の濃度を調べる実験を行った。1回目に抗原Aを，2回目に抗原Aと抗原Bとを注射したときの，各抗原に対する抗体の濃度の変化を表した図として最も適当なものを，次の①〜④のうちから一つ選べ。

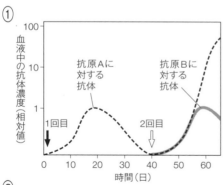

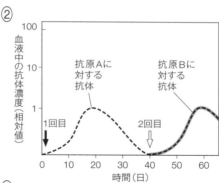

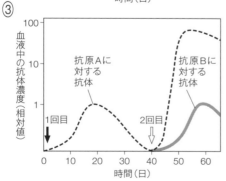

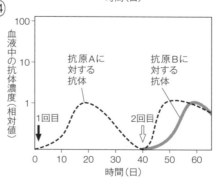

第3章　生物の多様性と生態系

例題 1　植生の遷移

植生の遷移に関する文章を読み，下の問いに答えよ。

火山から噴出し堆積した溶岩や火山れきは植生のすべてを焼失させてしまうが，その後，噴出物が冷えて形成された裸地には，ア先駆植物とよばれる植物群が侵入してくる。イ先駆植物が生育を重ねることで，土壌や水分，栄養塩類の量などの非生物的要因が，より多くの植物にとって好適な条件へと変化していく。これに伴ってその場所に成立する植生にも時間的な変化，すなわちウ遷移がみられる。日本国内の場合，エ一部の場所を除けば，遷移の終盤には高木が密生した森林が形成される。図1は，遷移の途中段階にある日本国内の森林で，1ヘクタールの調査区内にみられる，ある2種（A種とB種）の樹木の大きさ（幹の直径）と個体数の関係を調査した結果である。

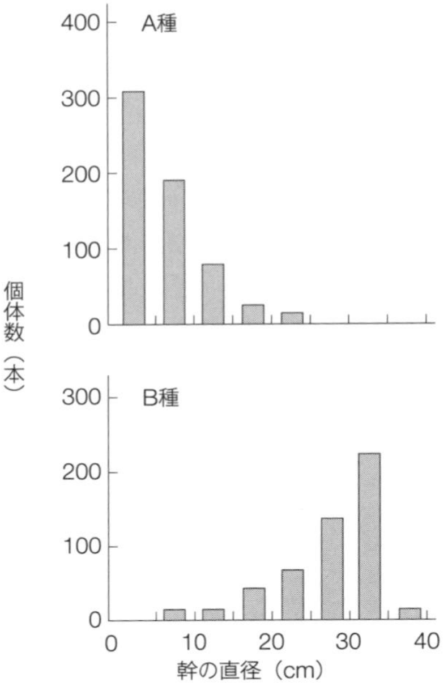

図1

問1 下線部**ア**のような植物の一般的な特徴としてあてはまらないものを，次の①～⑤のうちから一つ選べ。
① 短期間で成熟し，繁殖できる。
② 乾燥には比較的強い。
③ わずかな光で生育できる。
④ 小形の種子を多量につくる。
⑤ 種子の分散力が大きい。

問2 下線部**イ**のような働きを表す語として最も適当なものを，次の①～⑤のうちから一つ選べ。
① 環境形成作用　② ギャップ更新　③ 自然浄化　④ 食作用　⑤ 生物濃縮

問3 下線部**ウ**に関する説明として最も適当なものを，次の①～④のうちから一つ選べ。
① 降水量が多い場所で起こる遷移を湿性遷移とよぶ。
② 日本国内でみられる遷移はすべて一次遷移である。
③ 二次遷移では，地衣類がおもな先駆植物となる。
④ 一次遷移は極相に至るのに数百年かかることがある。

問4 下線部**エ**に関する文章として誤っているものを，次の①～④のうちから一つ選べ。
① 高山帯には樹木や多年生の草本は生育できず，一年生の草本のみがみられる。
② 河原は，頻繁に河川のはんらんが起こるため，森林が形成されにくい。
③ 陰樹で占められた森林内にも，草本や陽樹が繁茂する場所がみられる。
④ 山頂や稜線部では，強風や乾燥のため森林が形成されない場合がある。

問5 図1のA種・B種の組合せとしてあり得るものを，次の①～⑥のうちから一つ選べ。
① A種：イタドリ　　B種：タブ
② A種：スダジイ　　B種：アカマツ
③ A種：コナラ　　　B種：ヘゴ
④ A種：コケモモ　　B種：アオキ
⑤ A種：シラカンバ　B種：ブナ
⑥ A種：ガジュマル　B種：シラビソ

解説………………

問1　先駆植物は，裸地や，地上の植物が取り去られた土地にいちはやく侵入し生育できる性質をもっている。まず，そのような土地がどこでできるかは予測不能なので，遠くまで分散できる種子を数多くつくり分散する必要がある。また，保水力が乏しく，栄養塩も少ない裸地の環境で生きていくには，乾燥や貧栄養に耐えられなければならない。このような環境では，生育に好適な条件となったときに急速に成長して短期間で成熟し，子孫を残す植物が有利となる。反面，植物も生い茂っていない遷移初期の土地には，地面に直射日光が降りそそぐので，弱い光条件に耐えられる必要はない。

▶**Point**　先駆植物の特徴

小形の陽生植物（多くは草本）　　　　　遠くまで分散できる小形の種子

強い光の下で速い成長　　　　　　　　　乾燥や貧栄養に対する耐性が高い

根に窒素固定細菌を共生させた木本もある

問2　生物は，光，温度，水，土壌等々，非生物的環境からさまざまな影響を受けている。非生物的環境からの生物に対する影響を「作用」という。逆に生物は，多かれ少なかれ周囲の非生物的環境に影響を与え，改変している。このように生物が非生物的環境に与える影響を「環境形成作用（反作用）」という。

問3　裸地から始まる一次遷移は，大形の植物の生育に十分な土壌が形成されるのに長い年月が必要であるため，土壌のある場所で始まる二次遷移に比べると，極相に達するまでに時間がかかり，数百年に及ぶ。①の湿性遷移は湖などから始まる遷移を指し，これに対し，陸上で進行する遷移を乾性遷移という。②・③の二次遷移は，山火事や伐採，あるいは耕作地の放棄などで，土壌はあるが地上に繁茂する植物はない状態から始まる遷移であり，開始直後から，（地衣類などではなく）土壌中に埋まっている種子や地下茎などから発芽した植物が地上を覆うことになる。

▶**Point**　一次遷移；土壌がない裸地で開始される遷移。

二次遷移；土壌がある場所で開始される遷移。一次遷移より短期間で極相に達する。

問4　高山帯には高木が生育できず，森林が形成されないため，高山帯と亜高山帯の境界は森林限界（高木限界）とよばれる。しかし，高山帯にもハイマツのような小形の樹木は生育し，また，高山植物の多くは多年生の草本である。

問5　遷移の過程では，森林はまず陽樹によって形成され，その後，陽樹と陰樹が混じった森林（混交林）を経て，陰樹を主体とする森林（陰樹林）へと変化していく。図1をみると，A種は幹直径の小さい若い木ばかりが存在し，逆にB種は老成した木ばかりで若い木がほとんどないことがわかる。これはB種が陽樹，A種が陰樹であると考えると説明がつく。

選択肢の植物のうち，イタドリは遷移初期に繁栄する多年生の草本，コケモモは高山帯などにみられる植物，アオキは弱い光条件でも生育が可能な小形の樹木で，いずれも幹の直径が20cmに達することはあり得ないので，これらの植物を含む選択肢は正解の候補から除外できる。また，③のコナラは温帯，⑥のシラビソは亜寒帯に生育する樹木だが，③のヘゴや⑥のガジュマルは亜熱帯に生育する植物（ヘゴは大形のシダ）である。選択肢のうち，同じ気候条件の場所に生育しA種が陰樹，B種が陽樹の組合せになっているのは②のみであり，⑤は生育する気候条件は同じだが，A種が陽樹，B種が陰樹という逆の組合せになっている。

解答　　問1 ③　　問2 ①　　問3 ④　　問4 ①　　問5 ②

例題 2　バイオームの地理分布　　　　　　　　　　　　　　　12　京都府大改●

バイオームの地理分布に関する次の文章を読み，下の問いに答えよ。

　気温と降水量は植生を決定する要因として働くため，気候条件が異なる地域には異なるバイオーム（生物群系）が発達する。図1は世界各地の平均気温および年降水量と，成立する9種類（a～i）のバイオームとの関係を示したものである。

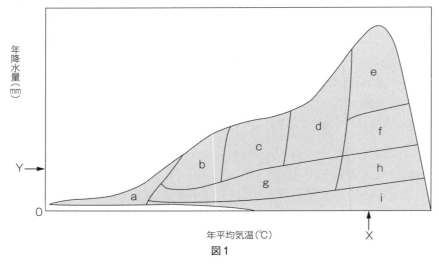

図1

問1　図の横軸の矢印X，縦軸の矢印Yの値として最も適当な組合せを，次の①～⑨のうちから一つ選べ。

① X；5℃　Y；100mm　　② X；5℃　Y；1000mm
③ X；5℃　Y；5000mm　　④ X；15℃　Y；100mm
⑤ X；15℃　Y；1000mm　⑥ X；15℃　Y；5000mm
⑦ X；25℃　Y；100mm　　⑧ X；25℃　Y；1000mm
⑨ X；25℃　Y；5000mm

問2　次の(1)～(4)は，図1のa～iのうちのどのバイオームを説明したものか。それぞれについて最も適当なものを，下の①～⑨のうちから一つずつ選べ。

(1)　アカシアなどの樹木もまばらにみられるが，森林は発達せず，おもに雨季に繁茂するイネの仲間の草本類が繁茂する。大形の哺乳類が豊富にみられる場所もある。

(2)　高さ50mを超える巨木も含む多くの種類の常緑の広葉樹からなる森林で，多くのつる植物や着生植物もみられる。動物もきわめて多くの種類が生活している。

(3)　生育する樹木の種類数は少なく，トウヒやモミ，ツガなどの常緑針葉樹のほか，落葉針葉樹や落葉広葉樹がみられることもある。

(4)　森林は発達せず，背丈の低い草本や木本のほか，地衣類やコケ類が多くみられる。土壌には多量の有機物と水分が蓄積されている。

① a　　② b　　③ c　　④ d　　⑤ e　　⑥ f　　⑦ g
⑧ h　　⑨ i

問3　図1には示されていないバイオームとして最も適当なものを，選択肢Aの①～⑤のうちから一つ選べ。また，そのようなバイオームが発達する地域として最も適当なものを，選択肢Bの①～④のうちから一つ選べ。

選択肢A　① 雨緑樹林　② 夏緑樹林　③ 硬葉樹林　④ 照葉樹林　⑤ ステップ
選択肢B　① カナダ大西洋岸　② 地中海沿岸　③ 東南アジア太平洋岸　④ モンゴル北部

問4 本州の平野部に成立する極相林が含まれるバイオームの組合せとして最も適当なものを，次の①〜⑧のうちから一つ選べ。

① b・c ② c・d ③ c・g ④ d・e
⑤ d・g ⑥ d・f ⑦ e・f ⑧ f・h

解説

　この問題は，教科書にも掲載されている図である図1のa〜iのバイオームが何かを見きわめられないと前に進めない。まず，図の中で最も平均気温が高く，降水量が多い条件であるeに成立するのは熱帯多雨林であると決まる。次に平均気温が0℃に満たない最も寒冷な条件の場所；aをツンドラと特定し，そこを起点としてbは針葉樹林，cは夏緑樹林，dは照葉樹林と特定していく。さらに，熱帯多雨林と温度条件は同じでも降水量の少ない場所に発達するバイオームf・h・iに注目すると，極端に降水の少ないiは砂漠であるのは明らかなので，hを草原（サバンナ），fを雨緑樹林と特定できる。残るgは，サバンナとほぼ同じ降水量という条件からステップと決まる。

問1 矢印Xは熱帯多雨林が発達する温度条件であり，矢印Yは熱帯域に注目すると，森林が成立する下限の降水量にあたる。

▶**Point** バイオームを決定する気候条件
　　年平均気温　　熱帯・亜熱帯；約20℃以上　　寒帯（森林が成立しない）；−5℃以下
　　年降水量　　　熱帯での森林・草原の境界；約1000mm
　　＊気温が高いほど森林成立には多くの降水量が必要。

問2 (1)は草原であり，雨季（温暖季ではない）に繁茂すること，大形哺乳類が豊富，アカシアが点在，などの手がかりからサバンナであることがわかる。
(2)は常緑広葉樹の巨木，つる植物や着生植物，種類が豊富，の手がかりから熱帯多雨林と判定される。
(3)は明らかに（亜寒帯）針葉樹林である。
(4)は，土壌に水分があるのに森林が発達しないということから，寒冷な地域のバイオームであると考えられ，ツンドラであると結論できる。

▶**Point** 気温・降水量の違いに伴うバイオームの変化
　　降水量は十分で，気温条件が異なる場合
　　（温暖）熱帯多雨林→亜熱帯多雨林→照葉樹林→夏緑樹林→針葉樹林→ツンドラ（寒冷）
　　気温は温暖で，降水量が異なる場合
　　（多雨）熱帯多雨林→雨緑樹林→サバンナ→砂漠（少雨）

問3 図1のa〜iを特定していくと，硬葉樹林のあてはまる場所がないことがわかる。硬葉樹林は，温帯だが夏は乾燥し，冬は比較的温暖で多雨な気候条件（地中海性気候）の地域に発達するバイオームである。

問4 日本はどこも森林が成立するのに十分な降水量があるため，バイオームはおもに緯度や標高によってかわる気温条件によって決まる。そして，気温も高山帯以外は森林が成立する条件を満たしている。本州の平野部は，東北地方以外は暖温帯にあたり照葉樹林が成立し，冷温帯にあたる東北地方では夏緑樹林が成立する。

解答 **問1** ⑧　**問2** (1) ⑧　(2) ⑤　(3) ②　(4) ①
問3 バイオーム−③　地域−②　**問4** ②

例題 3　日本のバイオーム

日本に分布するバイオームに関する次の文章を読み，下の問いに答えよ。

南北に細長い日本列島では，地域によって気候条件，特に気温に大きな違いがあるため，多様なバイオームがみられる。日本に分布するバイオームは緯度と標高に応じて変化し，おもに緯度に応じた分布を　ア　分布，標高に応じた分布を　イ　分布という。

本州中部の，極相状態にある広葉樹林の中に特定面積の調査区を設け，3月，7月および11月の3回，調査区の林床の照度を測定した。また，それぞれの調査日から1か月間の調査区内の落葉量を調べた。図1はこの調査の結果を示したものである。なお，図1の照度は林冠より上部の照度を100，落葉量は1年間の落葉量を100として相対値で示してある。

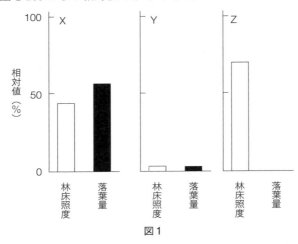

図1

問1　文章中の　ア・イ　にあてはまる語の組合せとして最も適当なものを，次の①～⑥のうちから一つ選べ。
① ア：垂直　イ：平行　　② ア：平行　イ：垂直　　③ ア：垂直　イ：水平
④ ア：水平　イ：垂直　　⑤ ア：水平　イ：階層　　⑥ ア：平行　イ：階層

問2　下線部に関して，次の①～⑥のうちから，最も標高の高い場所に分布する樹木を選べ。
① アカマツ　　　② アコウ　　　③ カエデ　　　④ タブノキ
⑤ ハイマツ　　　⑥ ブナ

問3　図1で，3月，7月および11月の調査結果は，X～Zのうちのどれか。最も適当なものを，次の①～⑥のうちから一つ選べ。
① 3月－X　7月－Y　11月－Z　　② 3月－X　7月－Z　11月－Y
③ 3月－Y　7月－X　11月－Z　　④ 3月－Y　7月－Z　11月－X
⑤ 3月－Z　7月－X　11月－Y　　⑥ 3月－Z　7月－Y　11月－X

問4　本州中部で，図1のような極相林がみられる場所の標高として最も適当なものを，次の①～⑤のうちから一つ選べ。
① 標高50m　　② 標高200m　　③ 標高1100m
④ 標高2000m　　⑤ 標高2800m

問5　図1のような森林内でみられる可能性のある植物として適当なものを，次の①～⑧のうちから二つ選べ。ただし，解答の順序は問わない。
① ガジュマル　　② カタクリ　　③ コケモモ　　④ コマクサ
⑤ 多肉植物　　　⑥ ヘゴ　　　　⑦ ミズナラ　　⑧ メヒルギ

解説‥‥‥‥‥‥

問1　その土地にどのようなバイオームが成立するかはおもに降水量と気温条件によって決まるが，全国的に降水量が多い日本では，気温条件がバイオームを決定するおもな要因となっている。気温条件は緯度によってかわるだけでなく，標高によって年平均気温も変化する（標高が100m高くなると，平均気温は0.5〜0.6℃低くなる）ので，バイオームの分布にも，緯度の違いに応じた水平分布と，標高の違いに応じた垂直分布がみられる。

問2　高山帯には高木は生育しないが，何種かの樹木は生育する。特にハイマツは日本各地の高山帯で群生し，ハイマツ帯を形成している。

問3　図1のX・Zに比べYでは林床が著しく暗いこと，また，Xでは多量の落葉がみられることから，調査を行った森林は，おもに落葉広葉樹によって構成された森林であると判断される。日本に生育する落葉樹は晩秋から初冬に落葉し，春から初夏に葉を広げる。したがって，Xは初冬の11月，まだ，葉が展開していないため，林床が明るく，落葉も起こらない早春の3月はZ，葉が展開して林冠を覆うため，林床が暗くなる夏（7月）はYと判断できる。

▶Point　落葉樹林では，林床の明るさが季節的に変化する。

問4　問3で解説したように，問題の森林は落葉樹で構成されていること，また，問題文に，極相林であり，広葉樹林であると示されていることから，この森林は夏緑樹林であると結論できる。本州中部では，夏緑樹林は標高が700m〜1700m程度の山地帯にみられる。なお，本州中部の平野部でもみられる里山は落葉広葉樹を主体とする森林だが，これは人間の手によって遷移の進行が止められているためであり，人間の影響がなくなると，常緑の広葉樹からなる極相林（照葉樹林）となる。

▶Point　バイオームの垂直分布（本州中部の場合）

　　　　　　　　　　高山帯‥‥‥‥ハイマツ帯・高山草原
標高約2500m以下‥‥‥‥‥‥‥亜高山帯‥‥‥‥針葉樹林
標高約1500〜1700m以下‥‥‥‥山地帯‥‥‥‥夏緑樹林
標高500〜700m以下‥‥‥‥‥‥丘陵帯‥‥‥‥照葉樹林
　　＊高山帯と亜高山帯の境界‥‥‥‥森林限界
　　＊各バイオームの分布上限は北に行くほど低くなる。
　　＊各分布帯の境界付近には，二つのバイオームの樹種が混生する。

問5　すでにこの森林は夏緑樹林であることがわかっている。選択肢のうち⑦は夏緑樹林を構成する代表的な樹種（高木）である。また，夏緑樹林の春の林床は明るいため，②のようにこの時期にだけ林床に葉を広げるとともに花を咲かせ，高木が葉を広げ林床が暗くなる初夏には早々と地上部を枯らして休眠に入る多年生の草本がみられる。

解答　問1 ④　問2 ⑤　問3 ⑥　問4 ③　問5 ②・⑦（順不同）

例題 ❹ 生物どうしのつながり

生物どうしのつながりに関する次の文章を読み，下の問いに答えよ。

ある研究者が，潮間帯の同じ岩礁上に生活している動物の相互作用についての研究を行った。この岩礁上には，岩の表面に貼りつき，ゆっくりと移動しながら生活するカサガイやヒザラガイ，岩に固着して生活するイガイ，フジツボ，カメノテなどの動物が多数みられた。このほかに，肉食の巻貝や，イソギンチャク，ヒトデなどの動物がみられた。この岩礁を一定期間観察したところ，これらの動物の間に，図１に示す食物　ア　が形づくられていることが明らかになった。図１の矢印は，捕食と被食の関係（食われる→食う）を示しており，また，ヒトデに向かう矢印の横の数値は，ヒトデが捕食した動物の全個体数に占める，各種類の動物の割合を示している。

その後，定期的に見回ってこの岩礁上にみられたすべてのヒトデを除去する操作を続け，この岩礁にヒトデが全く存在しない状態を保った。すると，1年後には2種類の動物の個体数が著しく増加したが，他の動物はほとんどみられなくなってしまった。この結果から，潮間帯岩礁に生活する動物の集団の構造には，ヒトデの存在が大きな影響を与えていることが明らかとなった。この潮間帯岩礁におけるヒトデのように，生物の集団の構造に強い影響力をもつ生物種は，　イ　種とよばれている。

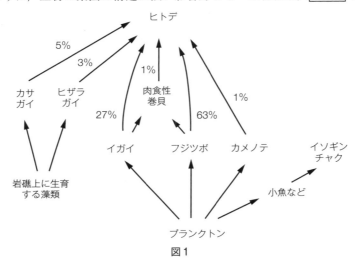

図１

問1　文章中の　ア　にあてはまる語として最も適当なものを，次の①〜⑥のうちから一つ選べ。
　①　階層　　②　環　　③　枝　　④　ピラミッド　　⑤　分化　　⑥　網

問2　文章中の　イ　にあてはまる語として最も適当なものを，次の①〜⑤のうちから一つ選べ。
　①　キーストーン　　　②　クライマックス　　　③　パイオニア
　④　フィードバック　　　⑤　ペースメーカー

問3　次の①〜⑤のうち，図１で同じ栄養段階にあると見なされる動物の組合せとして最も適当なものを一つ選べ。
　①　カサガイ・肉食性巻貝　　　②　カサガイ・イソギンチャク
　③　肉食性巻貝・イソギンチャク　　　④　カメノテ・肉食性巻貝
　⑤　フジツボ・イソギンチャク

問4　下線部について，ヒトデを除去し続けた結果，個体数が著しく増加したと考えられる動物の組合せを，次の①〜⑤のうちから一つ選べ。
　①　カサガイ・ヒザラガイ　　②　カサガイ・イガイ　　③　イガイ・フジツボ
　④　イガイ・カメノテ　　⑤　カメノテ・イソギンチャク

解説……………

問1 捕食者と被食者の関係にある生物種を直線的につないだものを食物連鎖という。自然環境下では，同じ場所に多数種の生物が存在し，1種類の生物は，複数種の動物に食われ，また，1種類の動物は複数種の生物を食物として利用していることが多い。したがって，同じ場所にすむ生物の食う・食われるの関係は，複雑な網目状となり，これを食物網とよぶ。

▶**Point** 食物連鎖；生物の種を，捕食と被食の関係の順に，直線的につないだもの。

食物網；同じ場所に存在する多くの種の間を，捕食と被食の関係に基づいてつないだもの。

一般的に，1種類の動物は，複数種の生物を捕食し，複数種の動物に捕食されるので，その関係は網目状になる。

問2 問題文の説明にあるように，ある場所に生活する生物の集団の構造（種構成や各種生物の密度など）の安定に大きな影響力をもっていると考えられる生物種をキーストーン種という。栄養段階の高位に位置する動物は，捕食によって特定の生物の増加を抑制し，生物集団の安定を保つキーストーン種として働いている場合が多いが，このような種はキーストーン捕食者ともよばれる。

▶**Point** キーストーン種；ある場所に生活する生物の集団の種構成や個体の密度などの安定に大きな影響力をもつ生物種。

キーストーン種は，比較的高位の栄養段階にある動物であることが多い。

問3 ヒザラガイとカサガイはともに岩礁上の藻類（生産者）を食物としており，どちらも一次消費者と見なされる。プランクトンを食物としているフジツボやイガイ，カメノテは，植物プランクトンを食えば一次消費者，動物プランクトンを食えば二次（以上の）消費者ということになる。また，動物だけを食物としている肉食性巻貝やイソギンチャク，ヒトデは，確実に二次以上の消費者であるといえる。

▶**Point** 栄養段階；食物連鎖の上での位置づけ

一次消費者……生産者を食物とする

二次消費者……一次消費者を食物とする

＊動物食の動物の捕食対象は，体の大きさや行動など，栄養段階以外の要因によって決まるため，高位（三次以上）の消費者の栄養段階は，一つの位置には限定できないことが多い。

問4 図1から，ヒトデはイガイとフジツボを他の動物に比べ多く捕食しているのがわかる。したがって，ヒトデがいなくなれば，それにかわる強力な死亡要因がない限り，ヒトデに食われて失われていた分の個体数が増加することになる。

解答 問1 ⑥ 問2 ① 問3 ③ 問4 ③

例題 ❺ 人間活動の影響

　物質には，食物連鎖を通して，生物体中に高濃度に濃縮されるものがあり，生物が特定の物質を外界より高い濃度で蓄積する現象を生物濃縮という。表1は，西部北太平洋における表層水およびそこに生息する生物体中のPCB（ポリ塩化ビフェニル）濃度を調査し，生物濃縮の状態を示したものである。PCBは人間生活の様々な場面で広く使われていたが，毒性が強いことや，自然界で分解されにくく，生物体内に入ると排出されにくいことがわかり，現在では製造が中止されている。しかし，陸から遠く離れた海洋でも，そこに生息する生物から高濃度で検出され，生物や生態系への影響が懸念されている。このように様々な人間の活動が生態系に影響し，バランスが崩されることがある。そういったことを防ぎ，生態系とその多様性を維持するために，生態系への理解と保全に向けたとりくみが求められている。

表1

	PCB濃度[ppb]
表層水	0.00027
動物プランクトン	1.8
小型の魚類	48
イカ類	68
イルカ類	3700

ppbは1000kg当たり1mgを含むことを示す濃度の尺度。

問1　表1からわかることの記述として最も適当なものを，次の①〜④のうちから一つ選べ。

①　生物体中のPCBは，栄養段階の間を受け渡されるごとに一定の割合でその濃度が高まる。

②　イルカのような海産哺乳類は，小型の魚類やイカ類に比べて，PCBを濃縮しにくい。

③　二次以上の消費者では，表層水のPCBの10万倍以上の生物濃縮が見られる。

④　栄養段階1段階当たりのPCB濃度の増加率は，低次よりも高次の段階で大きくなる。

問2　下線部に関連して，人間の活動が生態系に影響を与える例として最も適当なものを，次の①〜⑤のうちから一つ選べ。

①　化石燃料の大量燃焼によって酸素濃度が減少することで温室効果が強く働き，地球温暖化がより進行する。

②　森林の伐採にともなって放出された硫黄酸化物や窒素酸化物が雨水に溶け込むなどして，酸性雨が降る。

③　焼き畑・農地開墾などのための過度の伐採にともなって，土壌が流出したり地表が乾燥したりして，砂漠化が進行する。

④　栄養塩類を大量に含む家庭からの生活排水や工場からの排水が河川を通じて海に流れ込み，アオコ（水の華）が生じる。

⑤　ある目的で移入したジャワマングースにより，田畑の作物が食い荒らされる食害が深刻化している。

解説

問1　PCBは絶縁油や潤滑油として様々な場所で使われてきた。その後，毒性の強さや脂肪などの油性物質に溶け込みやすいこと，そのため一度生物体内に入ると排出されにくいことなどが明らかになり，製造が中止された。PCBの分解には多大なコストがかかるため，現在でも分解されずに保管されているPCBが多く残されている。

　表1の数値から各栄養段階間のPCB濃縮の度合い（濃縮率）を求めると以下のようになる。これらの計算結果から，各々の選択肢を検討する。

　　　表層水→動物プランクトン：約6667倍　　　　動物プランクトン→小型の魚類：約27倍

　　　小型の魚類→イカ類：約1.4倍　　　　　　　　イカ類→イルカ類：約54倍

①：誤り。上に示したように，各栄養段階の間の濃縮率はそれぞれ異なっている。

②：誤り。それぞれの濃縮率をみると，小型の魚類で約27倍，イカ類で約1.4倍なのに対し，イルカの濃縮率は約54倍と，むしろ濃縮しやすいといえる。

③：正しい。ここでの二次消費者は小型の魚類で，17万倍以上に濃縮されている。それより上の段階の消費者であるイカ類・イルカ類では，さらに濃縮されているので，当然10万倍以上になる。

④：誤り。低次の段階から高次の段階に至るそれぞれの濃縮率は，約27倍，約1.4倍，約54倍なので，濃度の増加率に規則性は見られず，低次よりも高次の段階で大きくなるとはいえない。

> **▶Point**　生物濃縮
> 　　特定の物質が生物に取り込まれ，まわりの環境より高い濃度で蓄積する現象。
> 　　体外に排出されにくい有害物質は，食物連鎖に伴い高次消費者に濃縮される。

問2　①：誤り。石油や石炭などの化石燃料の燃焼によって温室効果がより強くなるのは，酸素が減るからでなく，温室効果ガスの二酸化炭素が増えるためである。

②：誤り。酸性雨の原因は硫黄酸化物や窒素酸化物であるが，これらの放出は森林の伐採には直接の関係がなく，化石燃料の燃焼によって生じたものが大気中に放出されている。これらが水に溶けて亜硫酸や硝酸になり，雨となって降るのが酸性雨である。

③：正しい。とりわけ熱帯多雨林では焼き畑や農地開墾のために伐採されると，土壌が流出してしまうことで再生力が失われ，急速に減少が進んだ。

④：誤り。アオコ（水の華）は，海でなく湖沼などの淡水域で発生する。家庭からの生活排水や工場排水にはリンや窒素などの栄養塩類が含まれる。これが河川を通じて海に流れ込むと，富栄養化が進み，有害なプランクトンが大発生する赤潮が起こる。

⑤：誤り。ジャワマングースはハブなどを駆除するために沖縄などに移入された外来生物だが，固有種のヤンバルクイナやアマミノクロウサギの捕食が問題になっている。田畑の作物を食害するのは，イノシシ・シカなどであり，里山の管理などが行き届かなくなった場合などに起こる。

> **▶Point**　人間活動による環境への影響
> 　　地球温暖化；地球の大気や海洋の平均温度が上昇する現象。化石燃料の燃焼に伴うCO_2やメタン，
> 　　　　フロンなどの温室効果ガスにより促進される。
> 　　酸性雨；窒素酸化物や硫黄酸化物が溶け，pH5.6以下になった雨。湖沼や土壌を酸性化する。
> 　　砂漠化；過剰な放牧や耕作，森林伐採などの影響で，植生の分布していた土地が不毛になる現象。
> 　　富栄養化；生活排水などが河川や海洋に流入し，水中の栄養塩類濃度が上昇する現象。淡水では
> 　　　　水の華（アオコ），海水では赤潮を引き起こすことがある。
> 　　外来生物；人間の活動に伴って本来の分布域から移入され，定着した生物。生態系や生物多様性
> 　　　　に大きな影響を与えることがある。

解答　　**問1**　③　　**問2**　③

演 習 問 題

21 森林の構成 〔5分〕 森林に関する次の文章を読み，下の各問いに答えよ。

　気温と降水量という二つの気候条件が好適な土地では，最初は植物が全く存在しない状態でも，長い年月の後には森林が形成される。自然に成立した森林では，図1に示すように，さまざまな大きさの植物が立体的に分布し，　ア　構造が形成されている。森林はおもに高木，すなわち枝葉が　イ　を構成している樹木の性質の違いにより，陽樹林・陰樹林・混交林に分けることができる。このうち、ウ陽樹林では，亜高木層や低木層にみられる樹種が高木とは異なるのが一般的であり，長い年月の後には陰樹林に変化してしまうことになる。これに対し，陰樹林はエ暴風や山火事，あるいはオ人為的な影響（撹乱）がなければ長く安定に保たれる　カ　林でもある。

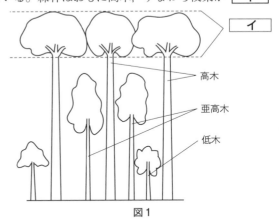

イ

高木

亜高木

低木

図1

問1 文章中の　ア　・　イ　・　カ　にあてはまる語として最も適当なものを，それぞれ次の①〜⑩のうちから一つずつ選べ。　ア　1　イ　2　カ　3
　①　一次　　　　②　階層　　　　③　極相　　　　④　垂直　　　　⑤　生活
　⑥　段階　　　　⑦　二次　　　　⑧　腐植　　　　⑨　林冠　　　　⑩　林床

問2 下線部ウについて，陽樹林に生育している高木と低木の，光の強さと二酸化炭素吸収速度の関係を示した図として最も適当なものを，次の①〜④のうちから一つ選べ。ただし，グラフの縦軸は二酸化炭素吸収速度（同じ面積の葉が1時間に吸収する二酸化炭素量）を示すものとする。

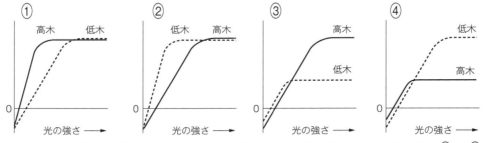

問3 下線部エによって森林内に形成されることがある構造として最も適当なものを，次の①〜⑥のうちから一つ選べ。
　①　栄養段階　　　②　ギャップ　　　③　クチクラ層　　　④　生態ピラミッド
　⑤　高木限界　　　⑥　食物網

問4 下線部オについての文章として誤っているものを，次の①〜④のうちから一つ選べ。
　①　里山は，その状態を維持するために適度な人為的撹乱が必要な雑木林である。
　②　頻繁に人為的撹乱を受けている場所では，草原が形成される場合がある。
　③　森林の生物の種多様性（種の豊富さ）は人為的撹乱があると必ず低下する。
　④　日本では，森林だけでなく湖沼の多くにも人為的撹乱が及んでいる。

22 森林の変化 〔10分〕 森林の変化に関する次の文章を読み，下の各問いに答えよ。

　日本国内の同じ地域にある，成立年代の異なる３か所の溶岩台地の上に形成された自然林（森林Ⅰ〜Ⅲ）で，植生の調査を行った。それぞれの森林内に20m四方の調査区を設け，その中に生育している３種類の樹木（種Ａ〜Ｃ）を，高木と亜高木・低木という二つの階級に分けて，その本数を数えたところ，表1の結果が得られた。

表1

		森林Ⅰ	森林Ⅱ	森林Ⅲ
高木	種Ａ	0	0	15
	種Ｂ	9	19	0
	種Ｃ	8	0	3
亜高木・低木	種Ａ	7	2	6
	種Ｂ	0	0	0
	種Ｃ	5	3	4

問1 下線部について，溶岩台地の上に森林が形成される過程に関する説明として誤っているものを，次の①〜⑤のうちから一つ選べ。
① このような土地での植生の変化の過程を一次遷移とよぶ。
② 地衣類は，樹木より早い時期に繁茂する草本の代表例である。
③ 植物が生育するようになると，地面にある岩石の風化が加速される。
④ 大形の植物が生育するようになると，温度の変化が緩やかになる。
⑤ 植物が多くなるにつれ，そこにすむ生物の食物網も複雑になっていく。

問2 三つの森林を，成立年代が古いものから並べるとどのような順になるか。最も適当なものを，次の①〜⑥のうちから一つ選べ。
① Ⅰ→Ⅱ→Ⅲ　　② Ⅰ→Ⅲ→Ⅱ　　③ Ⅱ→Ⅰ→Ⅲ
④ Ⅱ→Ⅲ→Ⅰ　　⑤ Ⅲ→Ⅰ→Ⅱ　　⑥ Ⅲ→Ⅱ→Ⅰ

問3 森林Ⅰ〜Ⅲ内の環境の違いに関する説明として最も適当なものを，次の①〜④のうちから一つ選べ。
① 森林Ⅰは森林Ⅱより土壌の量が少ない。
② 森林Ⅰは森林Ⅲより土壌に含まれる有機物量が多い。
③ 森林Ⅱは森林Ⅰより土壌の保水力が大きい。
④ 森林Ⅱは森林Ⅲより土壌に含まれる栄養塩量が少ない。

問4 表1から，種Ａ〜Ｃの樹木の性質に関して推測されることとして誤っているものを，次の①〜⑥のうちから二つ選べ。ただし，解答の順序は問わない。
① 種Ａは種Ｂより成長が遅い。
② 種Ａは種Ｃより寿命が長い。
③ 種Ｂは種Ａより光補償点が低い。
④ 種Ｂは種Ｃより光飽和点が高い。
⑤ 種Ｃは種Ａより種子の分散力が大きい。
⑥ 種Ｃは種Ｂより成長が速い。

第１編 知識の確認

第２編 実験・考察・計算問題対策

第３編 模擬問題

23 世界のバイオーム　6分　世界のバイオームに関する次の文章を読み，下の各問いに答えよ。

　　下の図1は，世界の五つの都市（A～E）の気候条件を示している。それぞれの都市の近郊（標高差はほとんどない）にある自然保護区では，その地方に特有のバイオームを観察することができる。このうち，都市　ア　と　イ　の近郊では森林がみられず，このうち　ア　近郊のバイオームには，体内に多量の水分を蓄える能力をもった植物が多くみられる。残る三つの都市近郊には極相林がみられ，このうち　ウ　近郊にみられる極相林は，林床の明るさが季節によって大きく変化する特徴がある。また，　エ　近郊の極相林にみられる高木は，おもに裸子植物である。

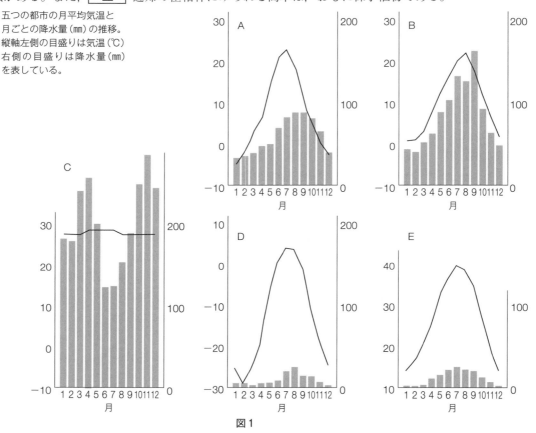

五つの都市の月平均気温と
月ごとの降水量（mm）の推移。
縦軸左側の目盛りは気温（℃）
右側の目盛りは降水量（mm）
を表している。

図1

問1 文章中の　ア　～　エ　にあてはまる都市として最も適当なものを，それぞれ次の①～⑤のうちから一つずつ選べ。　ア　1　イ　2　ウ　3　エ　4

① A　　②　B　　③　C　　④　D　　⑤　E

問2 A～E近郊にある極相のバイオームを比較した場合に予想されることとして適当なものを，次の①～⑤のうちから二つ選べ。ただし，解答の順序は問わない。

① A近郊のバイオームは，C近郊のバイオームより階層構造が単純である。

② B近郊のバイオームは，D近郊のバイオームより土壌に多くの有機物が含まれる。

③ C近郊のバイオームは，E近郊のバイオームより生息する生物の種類数が多い。

④ D近郊のバイオームは，B近郊のバイオームより面積あたりの光合成量が多い。

⑤ E近郊のバイオームは，A近郊のバイオームより面積あたりの生物量が大きい。

24 日本のバイオーム 　10分　日本に分布するバイオームに関する文章Ⅰ・Ⅱを読み，下の各問いに答えよ。

Ⅰ　ある県内の四つの地点でみられる代表的な植物の種類を調べたところ下に示す結果が得られた。

地点A；アラカシ・スダジイ・ヒサカキ・クスノキ・アオキ

地点B；カラマツ・シラビソ・オオシラビソ・コメツガ・ダケカンバ

地点C；ハイマツ・コマクサ・コケモモ・クロユリ・チングルマ

地点D；ブナ・ミズナラ・イタヤカエデ・カツラ

問1　地点A〜Dを標高の低い地点から並べると，どのような順になるか。最も適当なものを，次の①〜⑨のうちから一つ選べ。

① A・B・C・D　　② A・B・D・C　　③ A・D・B・C

④ B・A・D・C　　⑤ B・D・A・C　　⑥ B・C・A・D

⑦ C・A・B・D　　⑧ D・C・A・B　　⑨ D・A・C・B

問2　地点Aで記録された植物のうち，高木はみられなかった種類の組合せとして最も適当なものを，次の①〜⑥のうちから一つ選べ。

① アラカシ・ヒサカキ　　② アラカシ・クスノキ　　③ アラカシ・アオキ

④ ヒサカキ・クスノキ　　⑤ ヒサカキ・アオキ　　　⑥ クスノキ・アオキ

Ⅱ　下の図1は，日本列島における，緯度および標高と分布するバイオームの関係を示したものである。図のa〜eの区分は，発達しうるバイオームが違うことを示している。

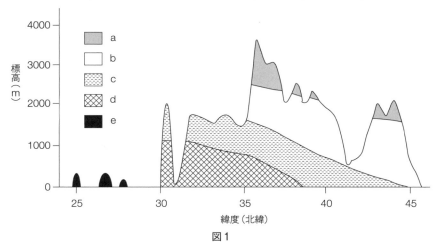

図1

問3　図のbおよびdのバイオームとして最も適当なものを，それぞれ次の①〜⑧のうちから一つずつ選べ。

b 　1　　 d 　2

① 熱帯多雨林　　② 亜熱帯多雨林　　③ 草原　　　　④ 照葉樹林

⑤ 硬葉樹林　　　⑥ 夏緑樹林　　　　⑦ 雨緑樹林　　⑧ 針葉樹林

問4　下線部に関して，標高とバイオームの分布に関する文章として正しいものを，次の①〜④のうちから一つ選べ。

① 高山帯の気温の条件は亜寒帯に相当する。

② 森林限界は高山帯と亜高山帯の間にある。

③ 亜高山帯には広葉樹は生育できない。

④ 本州中部では，標高1000m前後は丘陵帯にあたる。

25 バイオーム 8分 バイオームに関する以下の文章を読み，下の問いに答えよ。

　　図１は，世界の気候とバイオームを示す図中に，日本の４都市（青森，仙台，東京，大阪）と二つの気象観測点ＸとＹが占める位置を書き入れたものである。図中のＱとＲは，それぞれの矢印が指す位置の気候に相当するバイオームの名称である。

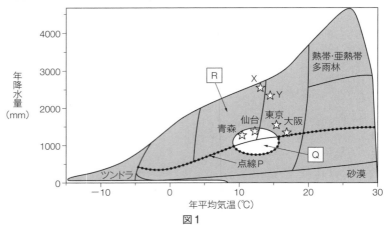

図１

問１ 図１の点線Ｐに関する記述として最も適当なものを，次の①〜⑤のうちから一つ選べ。

① 点線Ｐより上側では，森林が発達しやすい。

② 点線Ｐより上側では，雨季と乾季がある。

③ 点線Ｐより上側では，常緑樹が優占しやすい。

④ 点線Ｐより下側では，樹木は生育できない。

⑤ 点線Ｐより下側では，サボテンやコケの仲間しか生育できない。

問２ 図１に示した気象観測点ＸとＹは，同じ地域の異なる標高にあり，それぞれの気候から想定される典型的なバイオームが存在する。次の文章は，今後，地球温暖化が進行した場合の，観測点ＸまたはＹの周辺で生じるバイオームの変化についての予測である。文章中の ア 〜 ウ に入る語句として最も適当なものを，下の①〜⑤のうちから一つ選べ。

　　地球温暖化が進行したときの降水量の変化が小さければ，気象観測点 ア の周辺において， イ を主体とするバイオームから， ウ を主体とするバイオームに変化すると考えられる。

① Ｘ　　　② Ｙ　　　③ 常緑針葉樹　　　④ 落葉広葉樹　　　⑤ 常緑広葉樹

問３ 青森と仙台は，図１ではバイオームＱの分布域に入っているが，実際にはバイオームＲが成立しており，日本ではバイオームＱは見られない。このバイオームＱの特徴を調べるため，青森，仙台，ロサンゼルスについて，それぞれの夏季（６〜８月）と冬季（12〜２月）の降水量（降雪量を含む）と平均気温を比較した図２と図３を作成した。図１，図２，および図３をもとに，バイオームＱの特徴をまとめた次の文章中の エ 〜 カ に入る語句として最も適当なものを，下の①〜⑥のうちからそれぞれ一つ選べ。

　　バイオームＱは エ であり，オリーブやゲッケイジュなどの樹木が優占する。このバイオームの分布域では，夏に降水量が オ ことが特徴である。また，冬は比較的気温が高いため， カ ことも気候的な特徴である。

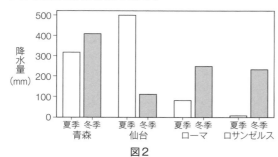

図２

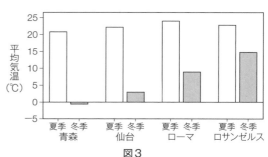

図３

① 雨緑樹林　　　② 硬葉樹林　　　③ 多い　　　④ 少ない
⑤ 降雪がほぼ見られず湿潤である　　⑥ 降雨が蒸発しやすく乾燥する

21　共通テスト改●

26 生態系 （5分） 生態系に関する次の文章を読み，下の各問いに答えよ。

　同じ生態系に含まれるさまざまな種類の生物は，直接的あるいは間接的に影響を与え合う関係で結ばれている。このうち，捕食と被食の関係は，直接的な関係の最も一般的な例といえる。生物をこの関係に基づいて直線的につないだものを食物連鎖とよび，食物連鎖における位置を栄養　ア　という。多くの生態系では，一つの栄養　ア　には複数の種類の生物が含まれる。

問1 文章中の　ア　にあてはまる語として最も適当なものを，次の①〜⑤のうちから一つ選べ。
① 階級　　　② 階層　　　③ 段階　　　④ ピラミッド　　　⑤ 分化

問2 表1は，ある温帯の森林と草原に生活する，各栄養　ア　の生物の個体数（haあたり）を示している。表のa〜dには，森林と草原とでそれぞれ異なる複数の種類の生物が含まれている。a〜dを，栄養　ア　の低いものから並べた場合，最も適当な順を次の①〜⑥のうちから一つ選べ。

表1

生物群	森林	草原
a	1.0×10^6	0.9×10^6
b	1.5×10^6	1.7×10^6
c	18	8
d	2100	14.5×10^6

① b・d・a・c　　② b・a・d・c　　③ c・b・d・a
④ c・a・d・b　　⑤ d・a・c・b　　⑥ d・b・a・c

問3 草原において，表1のaおよびdに含まれる生物としてそれぞれ最も適当なものを，次の①〜⑥のうちから一つずつ選べ。　a　1　　d　2
① アオカビ　　② アブラムシ　　③ ススキ　　④ カマキリ
⑤ バッタ　　　⑥ ミミズ

27 生態系のバランス （3分） 生態系のバランスに関する以下の問いに答えよ。

　自然の生態系では，構成する生物の種類や個体数，非生物的環境などが，短期間でみれば大きく変動しながらも，長期間でみれば一定の範囲内に保たれていることが多い。図1は，ある草原で単位面積あたりのヤチネズミの捕獲個体数を20年以上にわたって調べたものである。このようにヤチネズミの個体数が一定の範囲内に保たれた原因として考えられないものを，下の①〜⑥のうちから一つ選べ。

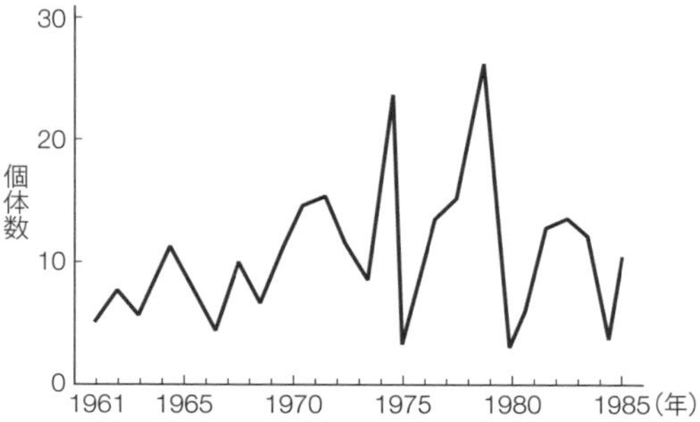

図1

① ヤチネズミが増えると，一部のヤチネズミが別の草原を求めて移動した。
② ヤチネズミが増えると，捕食者であるワシやタカの個体数が増えた。
③ ヤチネズミが増えると，ヤチネズミの子が病気などで死亡する率が高まった。
④ ヤチネズミが減ると，ヤチネズミの主な食物であるカヤツリグサが増えた。
⑤ ヤチネズミが減ると，別種のネズミが侵入してヤチネズミの資源を消費した。
⑥ ヤチネズミが減ると，個体あたりの資源が増加し，出生率が高まった。

16　センター改●

28 温暖化 （5分） 温暖化に関する次の文章を読み，下の問いに答えよ。

大気中の二酸化炭素は，　ア　や　イ　などとともに，温室効果ガスとよばれる。化石燃料の燃焼などの人間活動によって，図1のように大気中の二酸化炭素濃度は年々上昇を続けている。また，陸上植物の光合成による影響を受けるため，大気中の二酸化炭素濃度には，周期的な季節変動がみられる。図2のように，冷温帯に位置する岩手県の綾里の観測地点と，亜熱帯に位置する沖縄県の与那国島の観測地点とでは，二酸化炭素濃度の季節変動のパターンに違いがある。

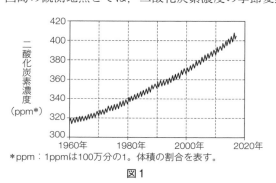
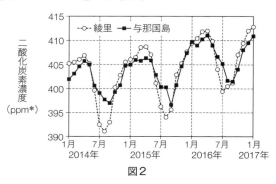

*ppm：1ppmは100万分の1。体積の割合を表す。

図1　　　　　　　　　図2

問1 上の文章中の　ア　・　イ　に入る語として適当なものを，次の①〜⑦のうちから二つ選べ。ただし，解答の順序は問わない。

① アンモニア　　② エタノール　　③ 酸素　　④ 水素　　⑤ 窒素
⑥ フロン　　⑦ メタン

問2 次の文章は，図1・図2をふまえて，大気中の二酸化炭素濃度の変化について考察したものである。ウ〜オに入る語として最も適当なものを，下の①〜④のうちからそれぞれ一つ選べ。

2000〜2010年における大気中の二酸化炭素濃度の増加速度は，1960〜1970年に比べて　ウ　。また，亜熱帯の与那国島では，冷温帯の綾里に比べて，大気中の二酸化炭素の濃度の季節変動が　エ　。このような季節変動の違いが生じる一因として，季節変動が大きい地域では，一年のうちで植物が光合成を行う期間が　オ　ことがあげられる。

① 大きい　　② 小さい　　③ 長い　　④ 短い

20　センター改●

29 生物濃縮 （6分） 生物濃縮に関する次の文章を読み，下の各問いに答えよ。

外界から取り込まれた物質が生体内に蓄積され，環境中より高濃度となる現象を生物濃縮とよぶ。人工的に合成された化学物質が環境中に放出されると，環境中では低濃度でも，生物濃縮が起こり，生物の生存や繁殖に深刻な影響を与える場合がある。表1は，ある湖にすむさまざまな生物の体に含まれる，ある人工的な化学物質の濃度をまとめたものである。また図1は，この湖における表1の生物の食物網を模式的に示したものである。

表1

動物プランクトン	500
植物プランクトン	250
種a	280万
種b	2500万
種c	4.5万
種d	83.5万

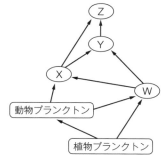

図1

問1 下線部のような影響が知られている人工的な化学物質の例として最も適当なものを，次の①〜⑤のうちから一つ選べ。

① アントシアン　② オゾン　③ COD　④ DDT　⑤ フロン

問2 図1のZの動物の栄養段階として最も適当なものを，次の①〜⑥のうちから一つ選べ。

① 二次または三次消費者　② 二次〜四次消費者　③ 三次または四次消費者
④ 三次〜五次消費者　⑤ 四次または五次消費者　⑥ 四次〜六次消費者

問3 表1の種a〜種dの動物はそれぞれ，図1の種W〜種Zのどれにあたるか。最も適当なものを，次の①〜④のうちから一つ選べ。

① 種W−a　種X−b　種Y−d　種Z−c　　② 種W−b　種X−a　種Y−d　種Z−c
③ 種W−c　種X−d　種Y−a　種Z−b　　④ 種W−d　種X−c　種Y−a　種Z−b

---

30 人間の活動と生態系　5分　　人類の活動と生態系の関係に関する次の文章を読み，下の問いに答えよ。

　近代に入ってからの人類の活動は，自然環境の直接的な破壊や改変だけでなく，物質循環の経路や移動量をかえることによって，さまざまな生態系の生物的および非生物的要因に大きな影響を与えてきた。その結果，野生生物だけでなく，人類にとっても憂慮される問題も生じている。例えば，我々の生活には石油や石炭などの化石燃料が不可欠であるが，化石燃料の消費に伴って排出される　ア　は，ヒトの健康に悪影響をもたらすだけでなく，大気中の水分に溶け込むことで<u>酸性雨や酸性霧</u>を生じさせている。また，化石燃料の大量消費が行われるようになって以降，大気中の二酸化炭素濃度が急速な上昇を続けていることが知られている。<u>二酸化炭素は温室効果ガスの一つであるため，大気中の濃度が現在と同様の割合で増加を続けると，それによって地球の温暖化が引き起こされる</u>懸念がある。人類の生活に伴って排出される物質は水域へも流出し，<u>水質環境の悪化</u>を引き起こしている。近年，生態系のバランスを保つことの重要さが認識されるようになり，自然環境の保全に有効な技術が開発されてきているが，未解決な課題も少なくない。

問1 文章中の　ア　にあてはまる物質として最も適当なものを，次の①〜④のうちから一つ選べ。

① 窒素酸化物や硫黄酸化物　　② フロンやメタン
③ 無機窒素化合物やリン　　④ 有機塩素化合物や有機水銀

問2 下線部イが原因になっていると考えられる現象として最も適当なものを，次の①〜④のうちから一つ選べ。

① 世界各地における外来生物の増加　　② 熱帯・亜熱帯域の森林の減少
③ ヨーロッパの森林の荒廃　　④ 日本における里山（雑木林）の減少

問3 下線部ウについて，温室効果ガスおよび地球の温暖化に関する説明として最も適当なものを，次の①〜④のうちから一つ選べ。

① 温室効果ガスは，太陽から照射されるエネルギー量を増加させる。
② 二酸化炭素以外の温室効果ガスは，すべて人為的に放出されたものである。
③ 地球の温暖化は，海面の上昇による陸地面積の減少を引き起こす恐れがある。
④ 地球の温暖化は，世界的に作物生産量を増加させると予想されている。

問4 下線部エに関する説明として誤っているものを，次の①〜④のうちから一つ選べ。

① 無機塩類も過剰な濃度になると淡水域や沿岸海域の水質悪化の原因となる。
② BODやCODは，有毒物質による水の汚染を知る指標として用いられる。
③ 汚濁物質が生物的あるいは非生物的に取り除かれる現象を自然浄化という。
④ 河口の干潟が失われると，河川から海へ流出する汚濁物質が増加する。

第1回模擬試験

第1問

顕微鏡と細胞周期に関する次の文章(A・B)を読み,下の問い(**問1～7**)に答えよ。
(配点　21)

A　1665年イギリスのフックは,ワインの栓のコルクを薄く切ったものを手製の顕微鏡で観察したところ,コルクが小さな部屋からできていることを発見し,その小部屋を細胞(cell)と名づけた。フックが観察したものは,生きている細胞ではなく,死細胞の細胞壁であった。同じ頃,オランダのレーウェンフックは,フックよりも高性能の顕微鏡で観察を行い,精子や細菌を発見した。19世紀に入ると,顕微鏡のレンズの性能も改善され,1831年イギリスの植物学者ブラウンは,ランの仲間の細胞の中に球形の核があることを発見した。また,1838年にはシュライデンが植物細胞を,1839年には ┃ ア ┃ が動物細胞を観察して,「生物は基本単位として細胞からなる」という細胞説を提唱した。そして,1855年には ┃ イ ┃ が,「すべての細胞は細胞から生じる」という考え方を提唱し,細胞説をさらに発展させた。このように,ｳ顕微鏡の発達と細胞の研究には密接な関係がある。その後,細胞は,ｴ原核細胞と真核細胞に大別されることがわかった。

問1　文章中の ┃ ア ┃ と ┃ イ ┃ に入る人物名の組合せとして正しいものを,次の①～⑥のうちから一つ選べ。　┃ 1 ┃

	ア	**イ**
①	クリック	フィルヒョー
②	フィルヒョー	クリック
③	シュワン	クリック
④	フィルヒョー	シュワン
⑤	シュワン	フィルヒョー
⑥	クリック	シュワン

問2　下線部**ウ**について,正しいものを次の①～⑤のうちから一つ選べ。　┃ 2 ┃
① 光学顕微鏡での観察でコントラストを強くするには,しぼりを開くとよい。
② アルファベットのpを光学顕微鏡でみるとbにみえる。
③ 光学顕微鏡で倍率を100倍から400倍にすると,視野の面積は16倍になる。
④ 電子顕微鏡では光学顕微鏡の可視光線のかわりに電子線を利用する。
⑤ 電子顕微鏡で生きたままの試料を観察することができる。

問3　下線部**エ**について,最も適当なものを,次の①～⑥のうちから二つ選べ。ただし,解答の順序は問わない。　┃ 3 ┃ ┃ 4 ┃
① 原核生物には光合成をするものがいる。
② 原核細胞には細胞小器官や細胞質基質がない。
③ 真核生物はみな多細胞生物である。
④ 原核生物はみな呼吸を行わない。
⑤ 真核生物には細胞膜をもたないものがいる。
⑥ 原核生物は細胞壁をふつうもっている。

B　細胞が分裂を終了してから次の分裂を終えるまでの過程を細胞周期という。体細胞分裂は，細胞分裂が行われる分裂期（M期）と，それ以外の間期に分けられ，間期はさらに，M期が終了してからDNAの合成が開始されるまでの時期（G_1期），DNAの合成が行われる時期（S期），S期が終了してから次のM期までの時期（G_2期）に分けられる。

　　これらの細胞周期，および細胞周期の各期がどの程度の長さであるかを知るために次の**実験Ⅰ**，Ⅱを行った。なお，培養している細胞は，細胞周期の各時期にランダムに存在しているものとする。

実験Ⅰ　ある動物の胚組織から細胞を取り出し，適当な条件下で培養したところ，表1のような結果が得られた。また，72時間後でM期の細胞数は，4.96×10^4個あった。

表1

実験開始からの時間	0時間	72時間
細胞数（個）	1.50×10^5	1.20×10^6

実験Ⅱ　**実験Ⅰ**で用いた細胞を**実験Ⅰ**と同じ条件で培養し，6000個の細胞について，細胞1個あたりのDNAの相対量を測定し，図1および表2のような結果を得た。

表2

a群の細胞数	3000個
b群の細胞数	1500個
c群の細胞数	1500個

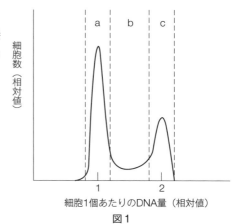

図1

問4　**実験Ⅰ**から，この細胞集団の細胞周期は何時間と考えられるか。最も適当なものを，次の①〜⑤のうちから一つ選べ。　　5
① 6時間　　② 12時間　　③ 20時間　　④ 24時間　　⑤ 36時間

問5　この集団のM期の長さは何時間か。最も適当なものを，次の①〜⑤のうちから一つ選べ。6
① 1時間　　② 2時間　　③ 3時間　　④ 4時間　　⑤ 5時間

問6　**実験Ⅱ**の図1のc群は，細胞周期のどの時期の細胞を意味しているか。最も適当なものを，次の①〜⑧のうちから一つ選べ。ただし，体細胞分裂終期には細胞質分裂が完全に終了しているものと考える。　　7
① G_1期　　② S期　　③ G_2期　　④ M期
⑤ G_1 + S期　　⑥ S期 + G_2期　　⑦ G_2 + M期　　⑧ M期 + G_1期

問7　**実験Ⅰ**と**実験Ⅱ**より，この細胞集団のG_2期の長さは何時間になるか。最も適当なものを，次の①〜⑤のうちから一つ選べ。　　8
① 4時間　　② 5時間　　③ 6時間　　④ 8時間　　⑤ 10時間

第2問

内分泌系と体液の循環に関する次の文章（**A・B**）を読み，下の問い（**問1～6**）に答えよ。
（配点 13）

A ヒトをはじめとする哺乳類では，体内環境に恒常性があり，ァ内分泌系と自律神経系が協力して働くことで維持されている。例えば，血しょう中のグルコース濃度を一定範囲に保つために，ィグルカゴンやアドレナリン，インスリン，糖質コルチコイドといったホルモン，さらに，ゥそれらの分泌を調節するホルモンや自律神経が働いている。

問1 下線部**ア**に関する記述として最も適当なものを，次の①～④のうちから一つ選べ。 　9

① 内分泌腺には排出管（導管）がある。
② 体外に放出され同種他個体に特定の反応を引き起こすホルモンがある。
③ ホルモンは，肝臓で分解されたり，尿として排出されたりしている。
④ 内分泌系の最上位の中枢は，大脳である。

問2 下線部**イ**の四つのホルモンについて，a～cの三つの分け方が可能である。a～cを分けた基準の組合せとして最も適当なものを，次の①～⑥のうちから一つ選べ。 　10
a.（グルカゴン，アドレナリン，糖質コルチコイド）　と　（インスリン）
b.（グルカゴン，インスリン）　と　（アドレナリン，糖質コルチコイド）
c.（グルカゴン，アドレナリン，インスリン）　と　（糖質コルチコイド）

	a.	b.	c.
①	血糖濃度を上げるか下げるか	ホルモンを分泌する器官の違い	自律神経による調節か刺激ホルモンによる調節か
②	血糖濃度を上げるか下げるか	自律神経による調節か刺激ホルモンによる調節か	ホルモンを分泌する器官の違い
③	ホルモンを分泌する器官の違い	血糖濃度を上げるか下げるか	自律神経による調節か刺激ホルモンによる調節か
④	ホルモンを分泌する器官の違い	自律神経による調節か刺激ホルモンによる調節か	血糖濃度を上げるか下げるか
⑤	自律神経による調節か刺激ホルモンによる調節か	血糖濃度を上げるか下げるか	ホルモンを分泌する器官の違い
⑥	自律神経による調節か刺激ホルモンによる調節か	ホルモンを分泌する器官の違い	血糖濃度を上げるか下げるか

問3 下線部**ウ**のように，他のホルモンの分泌を調節するホルモンの一つに，チロキシンの分泌を促進するホルモン（ホルモンA）がある。ホルモンAを分泌する部位として最も適当なものを，次の①～⑤のうちから一つ選べ。 　11
① 甲状腺
② 脳下垂体前葉
③ 副腎髄質
④ 間脳視床下部
⑤ すい臓ランゲルハンス島

B　体液は，循環系の働きによって動物体内を循環しており，脊椎動物の循環系は，血管系とリンパ系からなる。体液は，血管内を流れる血液，リンパ管内を流れるリンパ液，組織のすき間を流れる組織液に分けられる。血液は，_エ_心臓の働きによって送り出され，血管内を流れる。血液は，有形成分である赤血球・白血球・血小板と_オ_血しょうからなり，リンパ液には，白血球の一種であるリンパ球が存在する。

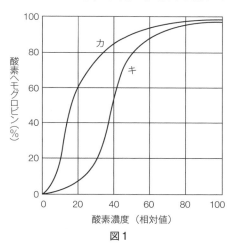

　血液の役割の一つに酸素の運搬がある。酸素の運搬で中心的な役割を果たすのはヘモグロビンというタンパク質である。ヘモグロビンが酸素と結合する割合と酸素濃度および二酸化炭素濃度との関係を調べたところ，図1のようになった。なお，横軸は肺胞での酸素濃度を100とする相対値であり，組織の酸素濃度は30にあたる。また，曲線**カ**は肺胞，曲線**キ**は組織に相当する二酸化炭素濃度における酸素解離曲線を示している。

図1

問4　下線部**エ**について，心臓の働きと血液の流れに関する記述として最も適当なものを，次の①〜⑤のうちから一つ選べ。　　12

① ヒトの心臓内では，右心房から右心室へ，左心室から左心房へと血液が流れている。

② ヒトの心臓内では，右心室から右心房へ，左心房から左心室へと血液が流れている。

③ ヒトの肺循環では，右心室から左心房へと血液が流れている。

④ ヒトの体循環では，左心室から左心房へと血液が流れている。

⑤ ヒトの肝臓には，動脈のかわりに門脈がつながっており，門脈を通って血液が入り，静脈を経て血液が出ている。

問5　次の物質a〜eのうち，ヒトの場合に下線部**オ**に含まれるものはどれか。正しい成分の組合せとして最も適当なものを，次の①〜⑩のうちから一つ選べ。　　13

a. 水　　　　b. ヘモグロビン　　　c. グルコース　　　d. 抗体　　　e. フィブリン

① a・b・c　　　② a・b・d　　　③ a・b・e　　　④ a・c・d

⑤ a・c・e　　　⑥ a・d・e　　　⑦ b・c・d　　　⑧ b・c・e

⑨ b・d・e　　　⑩ c・d・e

問6　図1から読み取れることの記述として最も適当なものを，次の①〜④のうちから一つ選べ。ただし，酸素のやり取りは，肺胞と組織だけで起こり，途中の血管内では酸素が解離することはないものとする。　　14

① 組織では，ヘモグロビンの約20%が酸素を解離する。

② 組織では，ヘモグロビンの約55%が酸素を解離する。

③ 組織を出る静脈内の血液中では，酸素ヘモグロビンの割合は75%と考えられる。

④ 組織を出る静脈内の血液中では，酸素ヘモグロビンの割合は20%と考えられる。

第3問

植物の集団と植生の分布に関する次の文章（A・B）を読み，下の問い（問1〜6）に答えよ。(配点　16)

A　由子と佳祐は，火山噴火のあとに植物の集団がどのように変化していくかを話し合った。

由子：火山活動によって噴出した溶岩は，すべての生物を消滅させるけど，そのあとに一次遷移が始まって，長い年月が経過するにしたがって植生が回復していくのだったよね。

佳祐：日本の暖温帯域では，冷え固まった溶岩の上には，まずコケ類，地衣類や，草本類が繁茂するのだけれど，遷移の早い段階から，(a)ヤシャブシやハンノキのような，根粒をもつ樹木が生育することもあるよ。このような(b)植物が繁茂することで土壌が発達し，しだいに植物の生育に適した場所へとかわっていくんだ。

由子：その結果，大形の樹木でも生育できる場所になるから，森林が形成されるようになるね。

佳祐：(c)初期の森林は，おもに陽樹で構成されるけど，だんだんと陰樹で占められた森林にかわっていき，やがて極相林になって長期間安定するはずだよ。

問1　下線部(a)に関して，根粒をもつ樹木が遷移の初期段階にある場所でも生育することができる理由として最も適当なものを，次の①〜⑤のうちから一つ選べ。　 15
①　強い日光が当たる場所でも生育できる。
②　土壌が強い酸性の場所でも生育できる。
③　地表が高温になる場所でも生育できる。
④　栄養塩類の乏しい場所でも生育できる。
⑤　保水力の乏しい場所でも生育できる。

問2　下線部(b)の現象と最も関連の深い語を，次の①〜⑤のうちから一つ選べ。　 16
①　栄養段階　　　　②　環境形成作用　　　③　自然浄化
④　生態ピラミッド　⑤　生物濃縮

問3　下線部(c)に関して，このような森林を構成する陽樹の例として最も適当なものを，次の①〜⑥のうちから一つ選べ。　 17
①　アオキ　　　　②　イタドリ　　　③　コナラ
④　スダジイ　　　⑤　タブノキ　　　⑥　ブナ

B　植物は種類によって生育に適した気温が異なるため，気温条件が異なる場所には，異なる植生およびバイオームが成立する。植生の地理分布については，各地域の年平均気温と対応させて示されることが多いが，年平均気温がほぼ同じ地域でも，異なる植生が成立している場合がある。このため実際の植生とよりよく対応する気温条件の指標が考案されており，その一例が「暖かさの指数」である。

　暖かさの指数は，1年間の各月の平均気温のうち，5℃を超える月の平均気温からそれぞれ5℃を差し引いたものを足し合わせて求められる数値である。図1は日本産の15種の樹木について，それぞれの樹木が生育している地域の暖かさの指数を示したものである。

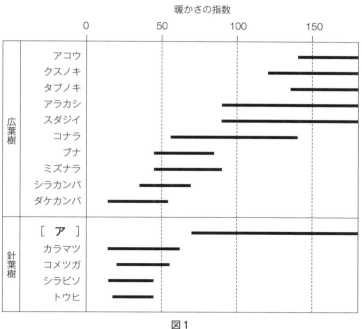

暖かさの指数

図1

表1

月	1	2	3	4	5	6	7	8	9	10	11	12
X	2.5	3.3	6.8	12.5	17.2	20.6	24.2	25.6	21.9	16.1	10.1	4.9
Y	− 3.7	− 4.3	− 1.3	3.4	7.3	10.6	13.2	17.3	13.7	10.3	5.3	− 0.5

問4　図1の［　ア　］にあてはまる樹種として最も適当なものを，次の①〜④のうちから一つ選べ。
　　　 18
① アカマツ　　　② エゾマツ　　　③ トドマツ　　　④ ハイマツ

問5　表1は国内の2地点における各月の平均気温を示したものである。地点Xおよび Y 周辺の，人為的な撹乱がなかった場所ではどのようなバイオームがみられると考えられるか。それぞれについて最も適当なものを，次の①〜⑥のうちから一つずつ選べ。ただし，同じ番号を繰り返し選んでもよい。

表2

暖かさの指数	対応する気候帯
15 〜 45	亜寒帯
45 〜 85	冷温帯
85 〜 180	暖温帯
180 〜 240	亜熱帯

地点X　**19**　　地点Y　**20**
① 亜熱帯多雨林　　② 雨緑樹林　　③ 夏緑樹林
④ 硬葉樹林　　　　⑤ 照葉樹林　　⑥ 針葉樹林

問6　問5の地点Xおよび Y 周辺に発達するバイオームは，本州中部ではどのような標高の場所でみられるか。最も適当なものを，次の①〜⑥のうちから一つ選べ。　　**21**
① X；標高　10m　Y；標高　500m　　② X；標高　100m　Y；標高 1000m
③ X；標高　100m　Y；標高 2000m　　④ X；標高 1000m　Y；標高 2000m
⑤ X；標高 1000m　Y；標高 3000m　　⑥ X；標高 2000m　Y；標高 3000m

第2回模擬試験

第1問

次の文章（**A・B**）を読み，下の問い（**問1～6**）に答えよ。（配点　18）

A　高校の生物基礎の授業の時間に，学校の観察池から少量の水を採取し，(a)プレパラートを作成して光学顕微鏡で生きた生物を観察した。観察した生物の中には，図1のスケッチのような緑色の単細胞生物がおり，(b)葉緑体や核が観察できた。図1の生物を用いて次の**実験1**を行った。

実験1　二酸化炭素と酸素が溶け込んだ水に，図1の生物を同量入れた容器1・容器2を用意した。容器1は日当たりのよい場所に置き，容器2は暗所に置いて，それぞれ1時間放置し，容器内の溶存酸素量の変化を測定した。図2はその結果を示したものである。

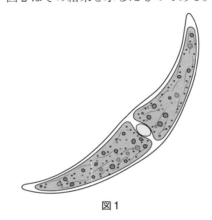

図1

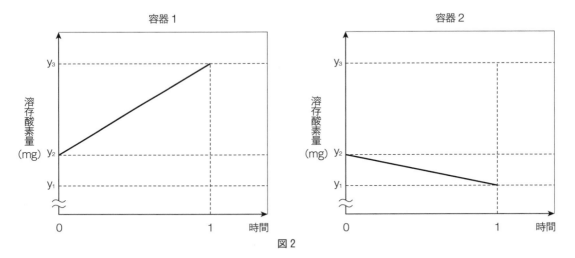

図2

問1　下線部 **(a)** に関して，図１のような細胞を生きたまま観察するためのプレパラート作成の手順として最も適当なものを，次の①〜④のうちから一つ選べ。　　**1**

① エタノールを加えた後，カバーガラスをかぶせてそのまま観察する。
② エタノールを加えた後，カバーガラスをかぶせて上から押しつぶし，観察する。
③ 蒸留水を加えた後，カバーガラスをかぶせてそのまま観察する。
④ 蒸留水を加えた後，カバーガラスをかぶせて上から押しつぶし，観察する。

問2　下線部 **(b)** に関して，同様の構造が見られる生物として**誤っているもの**を，次の①〜④のうちから一つ選べ。　　**2**

① サクラ　　　② ネンジュモ　　③ オオカナダモ　　④ タマネギ

問3　**実験1**に関して，図２から測定された容器中の１時間当たりの呼吸量［mg］と１時間当たりの光合成量［mg］を正しく示した組合せとして最も適当なものを，次の①〜⑥のうちから一つ選べ。　　**3**

	1時間当たりの呼吸量	1時間当たりの光合成量
①	y_1	y_3
②	$y_2 - y_1$	y_3
③	y_1	$y_3 - y_1$
④	$y_2 - y_1$	$y_3 - y_1$
⑤	y_1	$y_3 - y_2$
⑥	$y_2 - y_1$	$y_3 - y_2$

B　生物の遺伝子が発現する過程は，(c)転写と翻訳に分けられる。転写では，DNAからmRNAが合成される。(d)mRNAの三つの塩基の並びから一つのアミノ酸が指定され，翻訳では，転写で合成されたmRNAをもとにタンパク質が合成される。

問4　下線部(c)に関連して，次の@〜@のうち転写においては直接必要ないが，翻訳には直接必要な物質の組合せとして最も適当なものを，下の①〜⑨のうちから一つ選べ。　　4

@　DNA　　　　　ⓑ　アミノ酸　　　　ⓒ　mRNA　　　　ⓓ　リン酸

①　@，ⓑ　　　　　　②　@，ⓒ　　　　　　③　@，ⓓ
④　ⓑ，ⓒ　　　　　　⑤　ⓑ，ⓓ　　　　　　⑥　ⓒ，ⓓ
⑦　@，ⓑ，ⓒ　　　　⑧　@，ⓑ，ⓓ　　　　⑨　@，ⓒ，ⓓ

問5　下線部(d)に関連して，次の文章中の　　ア　・　イ　に入る語句の組合せとして最も適当なものを，下の①〜④のうちから一つ選べ。　　5

　　三つの塩基の並びは最大で　　ア　　通り考えられるが，天然に存在するアミノ酸の種類が20種類であることから，　　イ　　と考えられる。

	ア	イ
①	12	三つの塩基の異なる複数の並びが同じアミノ酸を指定する
②	12	三つの塩基の並びはどれも異なるアミノ酸を指定する
③	64	三つの塩基の異なる複数の並びが同じアミノ酸を指定する
④	64	三つの塩基の並びはどれも異なるアミノ酸を指定する

問6　茎を除いたブロッコリーを用いて，次の手順1〜5でDNAの抽出実験を行った。下線部(e)〜(h)のうち，**誤っているもの**の数として最も適当なものを，下の①〜④のうちから一つ選べ。
　　6

[手順1]　ブロッコリーを乳鉢に入れてすりつぶす。
[手順2]　乳鉢に(e)台所用洗剤を食塩水で薄めた溶液を加え，かき混ぜて静置した。
[手順3]　静置した溶液を，(f)ガーゼでビーカーにろ過する。
[手順4]　ろ液に(g)熱したエタノールを加え，静置する。
[手順5]　(h)ビーカーの底に析出したDNAを，ガラス棒で静かにかき混ぜDNAを巻き取る。

　①　1　　　②　2　　　③　3　　　④　4

第２問

次の文章（**A，B**）を読み，下の問い（**問1 ～ 6**）に答えよ。（配点　17）

A　体内環境を維持するために，(a)自律神経系とホルモンによる調節が行われている。ホルモンは内分泌腺から分泌される物質で，標的細胞の受容体に結合して反応する。ホルモンの受容体は細胞の表面に存在するタイプのものと，細胞の内部に存在するものがあり，ホルモンの種類によって異なる。ホルモンが細胞外にある受容体に結合する場合，ホルモンが結合すると，細胞内にある特定の酵素などの働きが変化する。一方，細胞内にある受容体に結合すると，特定の遺伝子の働きが高まるように変化することが多い。そこで，副腎髄質から分泌される(b)アドレナリンが，標的細胞である肝臓の細胞にどのように作用するかを調べることにした。

　アドレナリンが肝臓の細胞のもつ受容体に結合すると，細胞内ではグリコーゲンの分解を促進する酵素Xの働きが上昇する。そこで，次のような実験を行い，アドレナリンの受容体に関する実験を行った。

実験1　肝臓の組織をすりつぶして細胞膜を取り除く。アドレナリンを加える前に，すりつぶした液に含まれる酵素Xの活性（反応を促進する能力）を測定し，すりつぶした液にアドレナリンを加えたあと，もう一度酵素Xの活性を測定した。

実験2　肝臓の無傷の細胞にアドレナリンを加えたのちに，細胞をすりつぶして細胞膜を取り除く。すりつぶした液に含まれる酵素Xの活性を測定した。

問1　下線部（**a**）に関して，自律神経系に関する記述で**誤りのあるもの**を，次の①～⑤のうちから一つ選べ。　　| 7 |

①　自律神経系のうち交感神経は，すべて脊髄から出ている。

②　自律神経系のうち副交感神経は，脊髄，延髄，中脳から出ている。

③　交感神経は分布しているが，副交感神経は分布していないところがある。

④　副腎皮質や甲状腺から分泌されるホルモンは，自律神経系の作用により分泌が促進される。

⑤　心臓の拍動や消化管の働きなどでは，交感神経と副交感神経が拮抗的に作用している。

問2　下線部（**b**）について，アドレナリンの作用は標的細胞の種類によって異なる。肝臓の細胞に対してはグリコーゲンの分解を促進して，血糖濃度を高める働きをするが，これと異なる作用をする場合がある。どの標的細胞には異なる作用をするか。適当なものを，次の①～⑤のうちから一つ選べ。　　| 8 |

①　腎臓の細尿管（腎細管）の細胞　　　②　腎臓の集合管の細胞

③　すい臓のランゲルハンス島Ａ細胞　　④　脳下垂体前葉の細胞

⑤　心臓の細胞

問3　アドレナリンは細胞膜の表面にある受容体に結合して作用する。このことをもとに**実験1，実験2**はどのような結果になると推定できるか。適当なものを，次の①～⑤のうちから一つ選べ。ただし，活性の値は促進する能力の相対値を示し，1Aは**実験1**でアドレナリンを加える前の測定，1Bは**実験1**でアドレナリンを加えたあとの測定，2は**実験2**での測定を示している。　　| 9 |

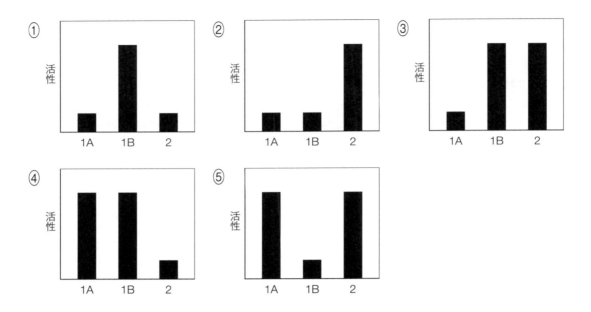

B　ススムさんとシンさんが生物基礎で学んだ免疫について話し合っている。

ススム：最近，ワクチンについての話題が多いね。ワクチンは免疫のしくみを応用したものだよね。

シン：ワクチンは生物基礎で勉強した_(c)獲得免疫（適応免疫）を応用したものだね。

ススム：確か，ワクチンを接種したあと，実際にその病原体に感染すると二次応答が起こるということだよね。

シン：二次応答は_(d)免疫記憶が働くことにより起こるのだったよね。

ススム：そうだね。免疫の反応をうまく利用して感染症の予防ができるのだよね。ただ，免疫反応がからだの害になることもあるようだね。

シン：花粉症とか食品アレルギーなどがあるね。あと，自己成分を攻撃する自己免疫疾患が教科書に出ていたね。

ススム：ふつう，自己の成分が攻撃されないのは，どのようなしくみによるのかな。

シン：それについて，文書にまとめてみたよ。

ススム：そういうことなんだね。だから，自己免疫疾患になることもあるんだね。

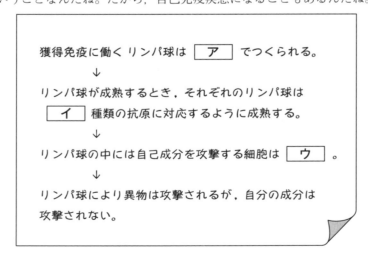

獲得免疫に働くリンパ球は　ア　でつくられる。

　↓

リンパ球が成熟するとき，それぞれのリンパ球は　イ　種類の抗原に対応するように成熟する。

　↓

リンパ球の中には自己成分を攻撃する細胞は　ウ　。

　↓

リンパ球により異物は攻撃されるが，自分の成分は攻撃されない。

問4 下線部 **(c)** について，免疫には獲得免疫と自然免疫がある。これらの免疫に関する記述で適当なものを，次の ① 〜 ④ のうちから一つ選べ。　　10

① 樹状細胞やマクロファージなどの食作用する細胞の働きは獲得免疫には必要ない。
② すべてのリンパ球は獲得免疫に働き，自然免疫には働くことがない。
③ 特定の病原体に感染したとき，自然免疫と同時に獲得免疫が働く。
④ 獲得免疫に働く免疫細胞の中には自然免疫の働きを強めるものもある。

問5 下線部 **(d)** について，細胞性免疫において記憶細胞になるリンパ球として適当なものを，次の ① 〜 ⑤ のうちから一つ選べ。　　11

① ヘルパー T 細胞，B 細胞
② ヘルパー T 細胞，キラー T 細胞
③ ヘルパー T 細胞，NK 細胞
④ キラー T 細胞，B 細胞
⑤ NK 細胞，キラー T 細胞

問6 シンさんがまとめた文書の（　ア　）〜（　ウ　）に適当な語，数字や文を，次の ① 〜 ⑧ のうちから一つ選べ。　　12

	ア	イ	ウ
①	ひ臓	1	つくられることがない
②	ひ臓	1	つくられるが，排除されるしくみが働く
③	ひ臓	複数	つくられることがない
④	ひ臓	複数	つくられるが，排除されるしくみが働く
⑤	骨髄	1	つくられることがない
⑥	骨髄	1	つくられるが，排除されるしくみが働く
⑦	骨髄	複数	つくられることがない
⑧	骨髄	複数	つくられるが，排除されるしくみが働く

第 1 編　知識の確認

第 2 編　実験・考察・計算問題対策

第 3 編　模擬問題

第3問

次の文章（A・B）を読み，下の問い（**問1 ～ 6**）に答えよ。（配点　15）

A　日本は全国的に森林が形成されるのに十分な降雨量があるが，地域によって気温条件が異なる。このため，自然植生において(a)優占種となる樹種は多様である。日本各地でどのような樹種が優占する森林が成立するかの予想には，(b)暖かさの指数が確度の高い指標として用いられてきた。しかし近年，気候は温暖化しているため，近い将来には，(c)そのときの気象データに基づいて求めた暖かさの指数から予想される植生と，実際に見られる植生が食い違う事例が多くなる可能性がある。

問1　下線部（**a**）に関連して，次の@～@の記述のうち，優占種についての説明として正しいものの組合せを，下の①～⑥のうちから一つ選べ。　　13

@　植生の相観の決定には，最も重要な植物種である。

ⓑ　その植生で最も個体数が多い植物種が，必ず優占種となる。

ⓒ　森林では高木層を占め，低木層や草本層には見られない。

ⓓ　年月が経つと，同じ場所でも優占種が変わることがある。

①　@, ⓑ　　　　②　@, ⓒ　　　　③　@, ⓓ　　　　④　ⓑ, ⓒ　　　　⑤　ⓑ, ⓓ　　　　⑥　ⓒ, ⓓ

問2　下線部（**b**）に関する次の文章の　ア　～　ウ　に入る語の組合せとして最も適当なものを，下の①～⑧のうちから一つ選べ。　　14

　暖かさの指数は1年間の各月の平均気温のうち，　ア　を超える月の平均気温からそれぞれ　ア　を差し引いた値を足し合わせることで求められる。そして暖かさの指数が15 ～ 45なら針葉樹林，45 ～ 85なら　イ　，85 ～ 180なら　ウ　，180 ～ 240なら亜熱帯多雨林が形成されると予想される。

	ア	イ	ウ
①	5℃	夏緑樹林	硬葉樹林
②	5℃	夏緑樹林	照葉樹林
③	5℃	照葉樹林	硬葉樹林
④	5℃	硬葉樹林	照葉樹林
⑤	10℃	夏緑樹林	硬葉樹林
⑥	10℃	夏緑樹林	照葉樹林
⑦	10℃	照葉樹林	硬葉樹林
⑧	10℃	硬葉樹林	照葉樹林

問3　下線部（**c**）に関連して，温暖化の結果，実際の極相林で林冠を占めている樹種が，暖かさの指数から予想される樹種と食い違う場合，可能性のある樹種の組合せとして最も適当なものを，次の①～④のうちから一つ選べ。　　15

	暖かさの指数から予想される樹種	実際に見られる樹種
①	スダジイやアラカシ	ブナやミズナラ
②	ブナやミズナラ	スダジイやアラカシ
③	シラビソやトドマツ	フタバガキやダケカンバ
④	フタバガキやダケカンバ	シラビソやトドマツ

B　化石燃料の燃焼に伴って放出されるガスには，生物に有害なさまざまな成分が含まれ，ヒトの健康だけでなく，自然環境にも影響をもたらしてきた。例えば，19世紀から20世紀なかばにかけて，ドイツや北欧で起こった (d)針葉樹林の荒廃は，その要因として化石燃料の大量消費によって大気中に排出された窒素酸化物や硫黄酸化物の影響が有力視されている。なお，本州中部の標高約 　エ　 の 　オ　 や北海道など，日本の国内に分布する針葉樹林でも，立ち枯れなどの現象がみられるが，その原因は一様ではないと考えられる。化石燃料の消費は，近年ではさらに，(e)大気中の二酸化炭素の濃度を上昇させ，地球温暖化を引き起こす要因として懸念されるようになった。

問4　下線部 (d) を構成する樹種の組合せとして最も適当なものを，次の①〜⑤のうちから一つ選べ。　16
① アカシア・ハイマツ　　② エゾマツ・ヘゴ　　③ カラマツ・メヒルギ
④ コメツガ・シラビソ　　⑤ トウヒ・コナラ

問5　文章中の 　エ　・　オ　 に入る語の組合せとして最も適当なものを，次の①〜⑥のうちから一つ選べ。　17

	ア	イ
①	2500〜3000m	高山帯
②	1500〜2500m	高山帯
③	2500〜3000m	亜高山帯
④	1500〜2500m	亜高山帯
⑤	1000〜2000m	山地帯
⑥	500〜1500m	山地帯

問6　下線部 (e) に関する次の記述ⓐ〜ⓓのうち，正しい記述の組合せとして最も適当なものを，下の①〜⑥のうちから一つ選べ。　18
ⓐ　二酸化炭素は，大気中に約0.4%（4000ppm）含まれている。
ⓑ　二酸化炭素は，火山活動によっても大気中に放出される。
ⓒ　大気中の二酸化炭素は，太陽からの光を吸収することで大気の温度を上昇させる。
ⓓ　大気中の二酸化炭素濃度は，夏に低下し，冬に上昇する季節変動がみられる。
① ⓐ，ⓑ　　② ⓐ，ⓒ　　③ ⓐ，ⓓ
④ ⓑ，ⓒ　　⑤ ⓑ，ⓓ　　⑥ ⓒ，ⓓ

生物基礎　重要用語

英字

ADP	Adenosine Di Phosphate（アデノシン二リン酸）の略号。アデノシンに2つのリン酸が結合した構造。
AIDS	Acquired ImmunoDeficiency Syndrome（エイズ、後天性免疫不全症候群）の略。免疫が低下し、日和見感染が起こりやすくなる。
ATP	Adenosine Tri Phosphate（アデノシン三リン酸）の略号。分解で放出されたエネルギーが生命活動に使われる。
B細胞（リンパ球）	骨髄（Bone marrow）で造血幹細胞から分化・成熟するリンパ球。特定の抗原により抗体産生細胞に分化する。
DNA	Deoxyribo Nucleic Acid（デオキシリボ核酸）の略号。糖がデオキシリボースの核酸で遺伝子の本体。
G_1期	細胞周期の期間の中でDNA合成の準備が行われる時期。DNA合成準備期のこと。
G_2期	細胞周期の期間の中で細胞分裂の準備が行われる時期。分裂準備期のこと。
HIV	Human Immunodeficiency Virus（ヒト免疫不全ウイルス）の略。感染してAIDSの原因となるウイルス。
mRNA	messengerRNA（伝令RNA）の略。DNAの塩基配列を写し取り、アミノ酸配列に返還する働きをもつRNA。
M期	細胞周期において、細胞分裂が行われている時期。分裂期ともいい、前期・中期・後期・終期に分けられる。
NK細胞	ナチュラルキラー細胞（Natual Killer cell）。自然免疫に働くリンパ球で、感染細胞を発見すると攻撃・破壊する。
RNA	Ribo Nucleic Acid（リボ核酸）の略号。ヌクレオチドの糖がリボースになっている核酸。1本鎖である。
S期	細胞周期の期間の中で、DNAの複製が行われる時期。DNA合成期のこと。
tRNA	transferRNA（転移RNA・運搬RNA）の略。アミノ酸をリボソームに運ぶ働きをもつRNA。
T細胞	造血幹細胞が胸腺に移り分化・成熟したリンパ球。キラーT細胞や、ヘルパーT細胞などがある。

あ行

赤潮	プランクトンの異常繁殖により海洋が赤色に変化する現象。酸素欠乏や毒素により、多くの魚介類が死滅する。
アデニン	核酸を構成する塩基の一つ。チミンおよびウラシルと相補的に結合する。ATPの構成要素でもある。
アドレナリン	副腎髄質から分泌されるホルモン。血糖量を増加させる。また、心臓の拍動を促進させ、血圧を上昇させる。
アナフィラキシーショック	急激な血圧低下や呼吸困難など全身に及ぶ激しいアレルギー症状により引き起こされる、生命に関わる症状。
亜熱帯多雨林	熱帯よりやや気温が低い亜熱帯地域に発達する森林。常緑広葉樹が優占し、河口にはマングローブ林がみられる。
アミノ酸	タンパク質の構成単位。アミノ基とカルボキシ基をもつ。側鎖の違いによって多くの種類がある。
アレルギー	生体に不都合が生じるような免疫の過剰反応。
アレルゲン	アレルギーの原因となる抗原のこと。
アンチコドン	コドンと相補的な塩基配列で、tRNA中に存在する。mRNAのコドンを認識し、結合する部位。
異化	複雑な物質を簡単な物質に分解する反応。エネルギーが発生する。動植物の呼吸がこれに相当する。
一次応答	初めて侵入した抗原に対して起こる免疫反応。
一次遷移	土壌も植物もないところから始まる遷移のこと。
遺伝	親の形質が子に伝わること。
遺伝子	メンデルによって想定された個体の形質を決める因子。その実体はDNAで、染色体の特定の部位を占めている。
遺伝情報	遺伝形質の決定に関連する情報。その情報源は、染色体を構成するDNAの塩基配列である。
陰樹	林内などの日陰の条件に耐えられる樹木。遷移の遅い時点で出現し、後に極相を構成するものが多い。
インスリン	すい臓のランゲルハンス島B細胞から分泌されるホルモン。血糖量を減少させる。
陰生植物	日陰で生育できる植物。弱い光の下での光合成能力が高く、光補償点・光補償点とも低い。
陰葉	同じ個体の葉のうち、内側にあり光にあまり当たらないもの。陰生植物に似た性質をもつ。

ウイルス	タンパク質と核酸からなる構造体。細胞膜をもたず自己増殖・代謝を行わないので、生物とはいえない。
ウラシル	RNAを構成する塩基の一つで、DNAには含まれない。アデニンと相補的に結合する。
雨緑樹林	熱帯・亜熱帯地域のうち、雨季と乾季を繰り返す地域に発達する森林。雨季に成長する落葉広葉樹が優占する。
運動神経	脳（中枢）からの指令を効果器（筋肉）に伝える末梢神経。運動ニューロンともいう。
栄養段階	食物連鎖を構成する生物を、有機物の生産と消費の視点によって位置付けたもの。
液胞	袋状の細胞小器官。成熟した植物細胞で発達し、色素や細胞の代謝物を細胞液として貯め込む。
塩基	核酸の構成成分で、弱塩基性の有機化合物。DNAの塩基はアデニン・チミン・グアニン・シトシン。
塩基対	アデニンとチミン（RNAではウラシル）、およびグアニンとシトシンが結合して対になった塩基の組み合わせ。
塩基配列	ヌクレオチド鎖における、4種類のヌクレオチド（塩基）の並んだ順序。DNAの塩基配列が遺伝情報である。
炎症	異物の侵入部位で、血管壁の拡張、血流増加などにより皮膚が熱をもち、赤く腫れる現象。
温室効果	大気中の物質によって、地表から放射される赤外線が吸収され、気温が上昇する現象。
温室効果ガス	温室効果をもたらす気体の総称。CO_2・メタン・N_2O・フロンなどのほか、水蒸気も含まれる。

か行

開始コドン	翻訳の開始を指定するAUGという配列のコドン。メチオニンを指定するコドンでもある。
階層構造	植生を構成する樹木や草本の高さによる層状構造。高木層・亜高木層・低木層・草本層・地表層に分けられる。
外来生物	本来はその地域に生息しなかったが、人間活動により移入、定着した生物。
核	真核細胞のもつ核膜で囲まれた細胞小器官。染色体を含む核液で満たされ、内部に核小体が見られる。
獲得免疫	異物を種類に応じて特異的に排除する働き。適応免疫ともよばれ、体液性免疫と細胞性免疫に大別される。
かく乱	生態系に影響・変化をもたらす、物理的な外力や様々な事象。
夏緑樹林	温帯のうち、亜寒帯に近い地域に発達する森林。夏季に成長し、冬季に落葉する落葉広葉樹が優占する。
感覚神経	受容器で受け取った刺激を脳（中枢）に伝える末梢神経。感覚ニューロンともいう。
間期	細胞周期における分裂期を除く時期。一般に、G_1期・S期・G_2期に分けられ、S期にDNA複製が起こる。
環境	生物に影響を及ぼす外界の要素のすべて。生物的環境と非生物的環境に大別される。
環境アセスメント	生態系への影響を事前に推測し、開発の是非や進め方を検討すること。環境影響評価ともいう。
環境形成作用	生物が非生物的環境に影響を与え、これを変化させること。反作用ともいう。
乾性遷移	一次遷移のうち、火山の噴火後などの乾燥した裸地から始まる遷移。
間接効果	被食と捕食の関係で直接つながりのない生物の間で及ぼされる影響。
肝臓	脊椎動物における最大の器官。グリコーゲン貯蔵、タンパク質合成、尿素合成、解毒作用などの働きがある。
記憶細胞	抗原の最初の侵入によって抗原の情報を記憶したリンパ球。二度目の侵入時にただちに分化する。
基質	酵素と結合し、酵素の働きを受ける相手の物質。例えば、アミラーゼの基質はデンプンである。
基質特異性	酵素が特定の基質とだけ結合、反応する性質。酵素が特有の立体構造をもつことによる。
キーストーン種	生態系のバランスを保つのに重要な役割を果たす生物種で、食物連鎖上位の捕食者。
ギャップ	何らかの要因で生産種が死に、空間が生じた状態。林冠構成樹木が倒れて、穴が空いた状態を表す。
極相	遷移の結果到達する最も発達した段階でクライマックスともいう。極相に達した森林を極相林という。
拒絶反応	移植された他人の臓器が定着せずに脱落する現象。移植臓器へのキラーT細胞の攻撃・排除がその原因である。
キラーT細胞	T細胞のうち、抗原に感染した自己の細胞を直接攻撃し、破壊するもの。細胞傷害性T細胞ともよばれる。

菌類	体外で分解した有機物を吸収して栄養分とする真核生物の従属栄養生物。細胞壁をもち，糸状の菌糸からなる。
グアニン	核酸を構成する塩基の一つ。シトシンと相補的に結合する。
グルカゴン	すい臓のランゲルハンス島A細胞から分泌されるホルモン。血糖量を増加させる。
グルコース	化学式$C_6H_{12}O_6$で表される単糖類でブドウ糖ともよばれる。生物にとって最も基本的なエネルギー源。
クロロフィル	光合成で光を吸収する役割をもつ色素。真核生物では葉緑体に，原核生物では細胞質にそれぞれ含まれる。
形質	表現型として個体に現れる形態的・生理的な特徴。その発現には遺伝子が関与している。
形質転換	外部からDNAを取り込むことで，個体の遺伝形質がかわる現象。
系統	生物の進化に基づく類縁関係。
系統樹	生物が進化した結果生じた多様な生物種の類縁関係を樹木の形で表現したもの。
血液	血管を通る体液。全身の細胞に栄養分や酸素を運搬し，二酸化炭素や老廃物を運び出す働きをもつ。
血液凝固	血しょう中のフィブリンが血球を絡め取ることで起こる現象。血ぺいが形成される。
血管	血液を送るための通路となる管。動脈，静脈，毛細血管などに分けられる。
血球	血液の有形成分の総称。赤血球，白血球，血小板に大別される。
血しょう	血液の大半を占める液体成分。物質運搬，血液凝固，免疫などの働きをもつ。
血小板	骨髄の巨核球の細胞質がちぎれてつくられる無核の小体。血液凝固因子を含んでいる。
血清	血液凝固で生じる淡黄色をした上澄み液。フィブリノーゲンを取り除いた血しょう。
血糖	血液中のグルコースのこと。血糖の量を血糖量，血糖の濃度を血糖濃度，血糖値という。
ゲノム	ある生物が生命を営む上で必要な最小限の遺伝情報。ふつうは，配偶子に含まれるDNAの遺伝情報全体を指す。
原核細胞	核膜がなく細胞小器官の分化もない細胞。DNAは細胞質に存在する。
原核生物	原核細胞からなる生物。細菌類が該当する。
高エネルギーリン酸結合	ATPを構成するリン酸どうしの結合。この結合が加水分解することによって多くのエネルギーが放出される。
交感神経	自律神経のうち，興奮状態のときに働く神経。脊髄から出て交感神経節をなす神経節を経て全体の各器官に至る。
後期	細胞分裂の分裂期において，中期と終期の間の時期。染色体が分離し，両極に移動する。
荒原	強い乾燥や低温などの厳しい環境のため，植物がごくまばらにしか生育できない植生。砂漠とツンドラが相当。
抗原	免疫系によって非自己と認識され，対応する抗体がつくられる物質。異種のタンパク質や微生物など。
抗原抗体反応	抗原と，それに特異的に働く抗体との結合。この結合により，抗原が無毒化・排除される。
抗原提示	免疫担当細胞が抗原の一部を細胞表面に提示すること。樹状細胞の抗原提示により，獲得免疫が活性化される。
光合成	植物による光エネルギーを利用した炭酸同化。光エネルギーは，クロロフィルなどの色素によって吸収される。
光合成速度	光合成による二酸化炭素吸収速度。見かけの光合成速度に呼吸速度を加えて求める。
恒常性	外部環境が変化しても，体内環境である体液成分などの状態を一定に保つ性質。ホメオスタシスともいう。
酵素	生体内の化学反応（代謝）を進める触媒。主成分はタンパク質であり，基質に応じて多くの種類がある。
抗体	抗原の刺激によって生産され，抗原と特異的に結合するタンパク質の総称。その実体は免疫グロブリンである。
抗体産生細胞	B細胞由来の抗体を生産する細胞。形質細胞，プラズマ細胞ともいう。抗原に特異的な抗体を大量に生産する。
好中球	免疫担当細胞の1つで，マクロファージ・樹状細胞とともに食作用をもつ食細胞。
硬葉樹林	夏季の乾燥が強い地中海性気候の地域に発達する森林。小型で硬い葉をもつ常緑広葉樹が優占する。
呼吸	酸素を使い，グルコースが水と二酸化炭素に分解され，ATPが生じる反応。
呼吸基質	呼吸によって分解される有機物。グルコースなどの炭水化物のほかに，脂肪やタンパク質も用いられる。
コドン	各アミノ酸を指定する，mRNAの連続した3つの塩基配列のこと。

さ行

細菌	原核生物のうち，アーキアを除いたシアノバクテリアや大腸菌などの生物群。バクテリアともいう。
細胞	生物体の構造・機能上の最小単位。1つの細胞で1つの個体を形成する生物もいる。
細胞質	細胞膜に囲まれた部分のうち，核と細胞膜以外の構造体や一見無構造に見える部分の総称。
細胞質基質	細胞質のうち，細胞小器官や顆粒，繊維などの諸構造の間を埋めている部分。サイトゾルともいう。
細胞周期	母細胞が間期と分裂期を経て娘細胞になるまでの細胞分裂の周期。分裂組織や幹細胞ではこれが繰り返される。
細胞小器官	形態的に明確な特徴をもつ細胞質中の構造体。核・ミトコンドリア・葉緑体などで各々独立した機能をもつ。
細胞性免疫	抗体をつくらない免疫で，キラーT細胞が抗原に感染した細胞を排除する。
細胞説	細胞が生物の構造および機能の基本単位であるとする説。シュライデンが植物で，シュワンが動物で提唱した。
細胞壁	植物細胞や原核細胞，菌類などで細胞の外側を囲み形態維持などに働く。植物の細胞壁の主成分はセルロース。
細胞膜	細胞質を包む膜で，細胞の内外を隔てる。半透性で，物質の出入りの調整を行う。
里山	人間に管理・維持されている，森林や水田などを含む一帯の地域のこと。
砂漠	おもに大陸内部の降水量が極端に少ない地域に広がる，植物がほとんど生育しない荒原。
砂漠化	過剰な放牧や耕作，森林の伐採，異常気象などにより，かつて植物が繁茂していた土地が不毛になる現象。
サバンナ	熱帯・亜熱帯の乾燥地域に広がる草原。大型のイネ科植物が優占し，低木が点在する。
作用	非生物的環境が生物的環境に与える影響。
酸素解離曲線	酸素濃度と酸素ヘモグロビンの割合の関係を表したグラフ。
シアノバクテリア	光合成を行う原核生物のうち，酸素を放出するもの。
自己免疫疾患	自己の体の一部を誤って非自己と認識し，攻撃することで起こる疾患。関節リウマチやバセドウ病などがある。
視床	間脳の一部を占める部位で，視覚・聴覚・体性感覚などの情報を大脳へ中継する部位。
視床下部	間脳にある自律神経系と内分泌系の中枢。体温調節などの恒常性に関与する。
自然浄化	湖沼・河川・海洋などの水界生態系に流入した汚濁物質が，微生物に分解されるなどして減少する現象。
自然免疫	免疫担当細胞が異物を種類に関係なく排除する働き。先天性免疫ともよばれ，食作用やNK細胞の働きが該当する。
湿性遷移	一次遷移のうち，湖沼などから始まる遷移。
シトシン	核酸を構成する塩基の一つ。グアニンと相補的に結合する。
シャルガフの規則	すべての生物の細胞において，アデニンとチミンの量，グアニンとシトシンの量がそれぞれ等しくなる規則性。
種	生物の分類における最も基本的な単位。同種の個体間でのみ子孫を残せる。
終期	細胞分裂の分裂期における最後の時期。核分裂が終了し，細胞質分裂が起こる。
終止コドン	特定のアミノ酸を指定せず，翻訳の終了を意味するコドン。
従属栄養生物	炭酸同化を行うことができず，有機物を取り入れ，分解して，エネルギーを得ている生物。動物や菌類など。
樹状細胞	周囲に突起を伸ばしている細胞で，自身が取り込んだ抗原を他の免疫細胞に伝える抗原提示細胞。
種の多様性	生態系の中に多様な種の生物が存在すること。種多様性ともいう。
受容体	細胞膜上や細胞内に存在し，細胞外の物質を信号として受け取るタンパク質。レセプターともいう。
消費者	他の生物を捕食し，その有機物を無機物に変えることでエネルギーを得ている従属栄養生物のこと。
静脈	体の各部から心臓に向かう血管のこと。薄い筋肉の層からなり，弾力性に乏しい。内部に弁（静脈弁）をもつ。
照葉樹林	温帯のうち，亜熱帯に近い地域に発達する森林。クチクラ層が発達した光沢のある葉をもつ常緑広葉樹が優占。
食作用	細胞が比較的大きな物質を膜小胞の形で取り込み，消化・分解する働き。
植生	ある場所に生育する植物の集団。森林・草原・荒原・水生植生などに分けられる。

食物網	実際の生態系における捕食者と被食者の関係が複雑に入り組んだ網目状の関係。
食物連鎖	生物群集における食う者と食われる者の関係が鎖のように直線的につながった関係。
自律神経系	大脳の支配から独立して内臓の働きを調整する神経。交感神経系と副交感神経系があり，拮抗的に働く。
進化	地球の長い歴史の中で，生物がしだいに変化し種類を増やしてきた過程。
真核細胞	核膜で囲まれた核をもち，細胞小器官の分化した細胞。
真核生物	真核細胞からなる生物。細菌類を除くほとんどの生物が該当する。
神経系	神経細胞の集まり。受容器と効果器の間に介在し，体内の情報伝達を担う。
神経分泌細胞	間脳の視床下部にあり，ホルモンを分泌する神経細胞。脳下垂体におけるホルモン分泌に深く関与する。
腎臓	脊椎動物の排出器官で，血液の浄化のほか，体内の塩類濃度の調節も行っている。
針葉樹林	亜寒帯に発達する森林。針状の葉をもち冬季の寒さに耐える常緑針葉樹林が優占する。
森林	樹木が広がりをもって群生する植生で，湿潤な地域に広く分布する。
森林限界	高緯度地域や高山などで，温度や水分条件などが限定要因となって，高木が森林として成立できなくなる限界。
すい臓	ホルモンを分泌する内分泌腺と，種々の消化酵素を含むすい液を分泌する外分泌腺をあわせもつ臓器。
垂直分布	垂直方向の環境の変化に伴って，生物の分布が変化している状態。丘陵帯，山地帯，亜高山帯，高山帯など。
水平分布	生物の種その他の分類群等の地球上での水平的な広がり。
ステップ	温帯の乾燥地域に広がる草原。イネ科植物が優占し，肥沃な土壌が形成される方。
生活形	生物の生活の仕方を反映した形態，またはそれを類型化したものをいう。
生産者	生態系などで無機物から有機物を合成し，系内の全生物にエネルギーと物質を供給する生物。
生態系	生物群集とそれを取り巻く自然環境との間にエネルギーの流れや物質循環が存在する系。
生態系サービス	食料や資源の供給，大気や水質の浄化，レクリエーションの場など，人間が生態系から受ける様々な恩恵。
生態ピラミッド	各栄養段階における生物の現存量などを，下位から順に積み上げて図示したもの。
生体防御	生物が外来性および内因性の異物を排除して生命を維持する働き。
生物群系	バイオームのこと。
生物多様性	多様な生物や生態系が存在すること。とりわけ多様な種の存在を，種の多様性という。
生物的環境	生態系の環境要因のうち，同種と異種の生物のこと。
生物濃縮	特定の物質が生物に取り込まれ，環境より高い濃度で蓄積する現象。食物連鎖を通じて高濃度となりやすい。
脊髄	延髄に続く中枢神経。末しょう神経の脊髄神経が出る。
接眼ミクロメーター	接眼レンズにはめ込んで用いる等間隔の目盛りのついたミクロメーター。実際に試料の長さを測定する。
赤血球	呼吸色素としてヘモグロビンを含む血球。酸素の運搬を行う。哺乳類では無核。鳥類，は虫類，魚類では有核。
絶滅	1つの生物種のすべての個体が死滅すること。
絶滅危惧種	乱獲や森林伐採などによって個体数が急激に減り，そのまま放置するとやがて絶滅すると推定される種。
遷移	裸地に植物が進入し植生ができる過程とその時間的経過。植生遷移ともいう。
前期	細胞分裂の分裂期における最初の時期。糸状の染色体が現れ，しだいに太く短くなる。核膜が消失する。
先駆種	遷移の最初の段階で進入・定着する生物種。パイオニア種ともいう。
染色体	塩基性色素でよく染まる核内の物質。遺伝情報をもつDNAとタンパク質からなる。
セントラルドグマ	遺伝情報がDNAからRNAへ転写され，翻訳を経てタンパク質へ流れるという考え方。
相観	植物の集団を大きくとらえたときの外観。植生は相観によって森林，草原，荒原に大別される。
草原	草本植物が優占して広がる植生。乾燥地域に広く分布し，サバンナやステップが相当する。

相同染色体	体細胞に2本ずつある同形同大の染色体。相同染色体のそれぞれは，両親から受け継いだものである。
相補性	アデニンとチミン（RNAではウラシル），グアニンとシトシンの間でのみ塩基間の結合が見られる性質。
組織液	体液のうち，組織の細胞間を満たすもの。毛細血管からしみ出た血しょうに相当する。

た行

体液	多細胞生物の体内の液体。脊椎動物では，血液・組織液・リンパ液に分けられる。
体液性免疫	抗体産生細胞がつくる抗体によって抗原を排除する免疫。抗体産生細胞はB細胞から分化する。
体細胞分裂	体細胞が増殖するときに起こる細胞分裂。1つの細胞から染色体数，遺伝子が同じ細胞が2つできる。
代謝	生物内で進行する化学反応の総称。同化と異化に分けられる。その主役は酵素で，エネルギーの出入りを伴う。
体性神経系	感覚神経と運動神経の総称で，自律神経とともに末梢神経系を構成する。
体内環境	血液・組織液・リンパ液など，細胞や組織を取り巻く体液の状態。
大脳	中枢神経系である脳の一部で，左右の半球に分かれ，ヒトでは脳の大部分を占める。思考や記憶などに関わる。
対物ミクロメーター	スライドガラス上に10μm間隔の目盛りを付けたミクロメーター。対物レンズの倍率誤差測定に用いる。
多細胞生物	1個体が多数の分化した細胞からなる生物。
単細胞生物	一生を通じて1個の細胞で生命活動のすべてを行う生物。特殊な細胞小器官が発達しているものがある。
胆汁	肝臓で合成される黄色または緑色の液。十二指腸に分泌され，脂肪の消化吸収を促す。
炭水化物	炭素・水素・酸素からなる有機物で，単糖類・二糖類・多糖類などに区分される。
タンパク質	アミノ酸が多数ペプチド結合した高分子化合物。酵素や抗体など多くの機能をもつ重要な生体物質。
団粒構造	土壌に見られる土の粒子と有機物由来の腐植が固まった団粒が集積した構造。排水性と保水性を兼ね備える。
地球温暖化	地球の大気や海洋の平均温度が上昇する現象。化石燃料の燃焼による温室効果ガスの増加などが原因とされる。
チミン	核酸を構成する塩基の一つ。アデニンと相補的に結合する。
中期	細胞分裂の分裂期における前期と後期の間の時期。凝縮した染色体が赤道面に並ぶ。
中枢神経系	多数のニューロンが集まり神経系の中心となる部分。ヒトの場合，脳と脊髄で構成される。
ツンドラ	寒帯に分布する荒原。地下に凍土が広がり，短い夏に地衣類・コケ類が生育する。
デオキシリボース	DNAのヌクレオチドを構成する糖。リボースから酸素原子が一つ取れた形になっている。
適応	生物がまわりの環境の影響を受け，その環境に適するように形態や機能を変化させていくこと。
転写	DNAの塩基配列を鋳型として，RNAを合成すること。遺伝子が発現するための最初の過程。
糖	炭水化物とほぼ同義だが食物繊維を含まないことが多い。単糖・二糖・多糖などがある。
同化	簡単な物質から複雑な物質を合成する反応。エネルギーを必要とする。炭酸同化や窒素同化がこれに相当する。
糖質コルチコイド	副腎皮質から分泌されるホルモンの一つ。血糖量を増加させる。
糖尿病	尿へのグルコース排出（糖尿）や高血糖を症状とする慢性疾患。原因はインスリンの分泌量低下や感受性低下。
洞房結節	心臓の右心房上部にある特殊な心筋細胞群。一定のリズムで活動電位を発生し，心臓の自動性を支える。
動脈	心臓からからだの各部へ向かう血管のこと。厚い筋肉の層からなり，弾力性に富む。
特定外来生物	外来生物法によって規制・防除対象となっている外来生物。
独立栄養生物	光などのエネルギーを利用して，炭酸同化を行い有機物を合成する生物。植物や藻類，化学合成細菌など。
土壌	地表の最外層にあり，岩石が風化したものに生物の遺体が堆積・混合し，土壌生物や植物の根が分布する層。
トリプレット	遺伝暗号となる3個の塩基の組合せ。一般に，mRNAの遺伝暗号であるコドンをさす。

な行

内分泌系	内分泌により，ホルモンが体液中を運ばれ，標的器官に作用してその働きを調節するしくみ。

用語	説明
内分泌腺	腺のうち，排出管がなく分泌物（ホルモン）を体液中に放出するもの。
二次応答	一度侵入した抗原が再び体内に侵入したとき，速やかに免疫反応が起こること。記憶細胞の働きによる。
二次遷移	河川の氾濫や山火事などにより植生が一掃されたあとに始まる遷移のこと。一次遷移に比べ植生の回復が早い。
二重らせん構造	2本のDNA鎖が向かい合ったらせん状の構造。アデニンとチミン，グアニンとシトシンが相補的に結合。
ニューロン	神経細胞。核のある細胞体，短く枝分かれをもつ樹状突起，長く枝分かれの少ない軸索で構成される。
尿素	哺乳類・両生類・軟骨魚類の尿に含まれる窒素代謝の最終産物。
ヌクレオチド	リン酸・糖・塩基が結合した物質。DNAやRNAの基本単位。
熱帯多雨林	年間を通し気温が高く降水量も多い熱帯地域に発達する森林。巨大な高木の常緑広葉樹が優占し，樹種も多い。
脳	頭蓋骨内にあり，脊髄とともに中枢神経系を構成する器官。大脳・間脳・中脳・小脳・延髄からなる。
脳下垂体	間脳から垂れ下がる内分泌腺。視床下部の支配で他の腺の分泌を調節する。前葉・中葉・後葉に分かれる。
脳幹	間脳・中脳・延髄を合わせた部分。生命維持に関わる中枢が存在する。
脳死	脳の損傷で機能が停止し，回復不可能な状態。様々な調節機能が働かないため，やがて死に至る。

は行

バイオーム	環境要因の違いにより成り立つ生物のまとまりのこと。照葉樹林，針葉樹林など。
バクテリオファージ	細菌に感染するウイルスの総称。ファージともいう。
バソプレシン	脳下垂体後葉から分泌されるホルモン。腎臓の集合管での水の再吸収を促進する。
白血球	血液中に見られる呼吸色素をもたない有核細胞。顆粒球，リンパ球，単球など。食作用，免疫に関係する。
発現	DNAの遺伝情報がmRNAを経てタンパク質へと翻訳され，それが生体内で機能すること。
半保存的複製	DNAの2本鎖のうちの1本が鋳型となり，新しい鎖が合成される複製のしくみ。
光飽和点	光を強くしても，それ以上光合成速度が増加しなくなる光の強さ。陽生植物では高くなる。
光補償点	光合成速度と呼吸速度が等しいときの光の強さ。植物の生育には光補償点よりも強い光が必要になる。
被食	生物が他の生物に食べられること。被食される生物を被食者という。
非生物的環境	生態系の環境要因のうち，光・温度・大気・土壌などの非生物的な要素のすべて。
標的器官	ホルモンが作用する器官。標的器官には，ホルモンと結合する受容体（レセプター）をもつ標的細胞が存在する。
フィードバック	ある反応の結果が，原因となった側に戻り作用すること。ホルモン分泌の調節機構として働いている。
フィードバック調節	フィードバックによって反応系全体の進行が調節されるしくみ。
フィブリン	フィブリノーゲンからできる繊維状タンパク質。血ぺいをつくり血液凝固を起こす。
富栄養化	生活排水などが河川・湖沼・海洋に流れ出し，水中の栄養塩類や有機物の濃度が高まること。
副交感神経	自律神経のうち，安息状態のときに働く神経。中脳・延髄・脊髄（仙髄）から出て，神経節をつくる。
副腎	腎臓の上部にある内分泌腺。皮質からは糖質コルチコイドなどを，髄質からはアドレナリンを分泌。
複製	細胞分裂の前に，細胞のもつDNAと同じ塩基配列をもつDNAが合成されること。DNA複製ともいう。
物理的・化学的防御	物理的・化学的なしくみによって，体表での異物の侵入を防ぐ免疫反応。
分化	多細胞生物において，それぞれの細胞で特定の遺伝子が発現し，特定の機能や形態をもつようになること。
分解者	生物の遺体や排出物を分解し，有機物を簡単な化合物に戻す役割を果たしている消費者。
分解能	2点がそれぞれ独立した点として区別できる最短の距離のこと。顕微鏡や望遠鏡などの能力を示す値。
分泌	特定の物質を細胞内で産生し，細胞外に放出する細胞の働き。
分裂期	細胞周期において細胞分裂が起こる時期。前期・中期・後期・終期を経て完了する。核膜はこの間消失する。
ペースメーカー	心臓を規則正しく拍動させるための電気信号を一定のリズムで発生させる心臓内の部位。洞房結節。

用語	説明
ヘモグロビン	脊椎動物の赤血球内にある呼吸色素。ヘム（鉄を含む）とグロビンが結合したタンパク質で，酸素を運搬する。
ヘルパーT細胞	T細胞のうち，樹状細胞からの抗原提示を受け，B細胞やキラーT細胞を活性化させる働きをもつもの。
変性	タンパク質の立体構造が変化することで，その性質や機能が変化すること。原因は熱や酸・アルカリなど様々。
母細胞	細胞分裂が起こる前の細胞。
捕食	生物が他の生物を食べること。捕食を行う生物を捕食者という。
ホルモン	内分泌腺や神経分泌細胞で合成され，血液を通して体内を循環し，標的器官でその効果を発揮する化学物質。
翻訳	mRNAの情報に基づいて，タンパク質が合成される過程。リボソームで行われる。

ま行

マクロファージ	抗原の侵入に際して，食作用を行いながらヘルパーT細胞に抗原提示をする単球由来の免疫細胞。
末梢神経系	中枢神経系と器官を結ぶ神経系。求心性神経（感覚神経）と遠心性神経（運動神経，自律神経）がある。
ミクロメーター	光学顕微鏡で長さを測定する際に用いられる目盛り付きのガラス板。接眼と対物の二つをセットで使用する。
ミトコンドリア	呼吸の場となる二重膜構造の細胞小器官。生体に必要なエネルギー（ATP）を取り出す反応回路をもつ。
娘細胞	細胞分裂後に形成される細胞。
免疫	生体が異物を非自己と認識し，その種類に応じて特異的に排除する働き。後天性免疫，特異的生体防御と同義。
免疫寛容	自己の成分に対して免疫が働かないこと。自己の細胞や成分に反応する免疫細胞を排除することで成立する。
免疫記憶	一度目の抗原に対応した記憶細胞が残り，同一抗原の侵入に速やかに強い反応ができるようになること。
免疫グロブリン	抗体活性をもつタンパク質。2本のH鎖と2本のL鎖からなる。IgG, IgA, IgM, IgD, IgEの5種類がある。
免疫細胞	免疫に働く好中球・マクロファージ・樹状細胞・リンパ球などの細胞の総称。免疫担当細胞ともいう。
免疫不全	免疫機能が低下して感染症にかかりやすくなった状態。
毛細血管	動脈と静脈の間にあり，組織中に広く分布する細い血管。一層の薄い内皮細胞からなる。

や行

有機物	二酸化炭素などの炭素の酸化物や金属の炭酸塩など一部を除く炭素化合物。有機化合物ともいう。
優占種	その植生の構成種の中で最も占める割合が高く，その植生を特徴付ける種。被度・頻度等から求められる。
陽樹	直射光のもとで発芽・生育し，乾燥した土壌や貧栄養の条件下でも成長が早い樹木。遷移の初期に進入する。
陽生植物	日なたでの生育に向く植物。強い光の下での光合成能力が高く，光飽和点・光補償点とも高い。
陽葉	樹木の葉のうち，日のよく当たる外側の葉のこと。さく状組織が発達して，陽生植物と似た性質をもつ。
葉緑体	光合成を行う二重膜構造の細胞小器官。内部に，円盤状で光合成色素を含むチラコイドがある。
予防接種	弱毒化した病原体などを接種して人工的に免疫記憶を獲得させることで，感染症を予防する手法。

ら行

ランゲルハンス島	すい臓に島状に散在する細胞集団。グルカゴンを分泌するA細胞やインスリンを分泌するB細胞などがある。
リボース	RNAのヌクレオチドを構成する糖。ATPの構成要素でもある。
林冠	森林の最上層で太陽光を直接受ける高木の枝葉が繁茂する部分。
林床	森林の地表面。林冠によって太陽光がさえぎられるため，耐陰性の強い植物が生育する。
リンパ液	体液のうち，リンパ管内を流れるもの。組織液の一部がリンパ管に入り，リンパ液となる。
リンパ球	リンパ中の細胞成分。白血球のうちのB細胞・T細胞やNK細胞で，免疫に重要な役割を果たす。
レッドリスト	絶滅の危険性の高さで区分された絶滅危惧種の一覧。これをまとめた本をレッドデータブックという。

わ行

用語	説明
ワクチン	予防接種に用いるために弱毒化した病原体や毒素などの抗原。接種して記憶細胞を形成させ，病気を予防する。

生物基礎　チェックリスト　　　　Check List

□生物の種と生物の多様性がわかる。（→p.2）

□生物にみられる共通性がわかる。（→p.2）

□細胞の基本的な構造，動物細胞と植物細胞の特徴，真核細胞と原核細胞の違いがわかる。（→p.2, 3）

□同化と異化の意味がわかる。（→p.4）

□ATPの構造と役割がわかる。（→p.4）

□酵素の働きと特徴がわかる。（→p.4）

□ミトコンドリアと葉緑体の役割がわかる。（→p.4, 5）

□遺伝子の本体であるDNAの構造がわかる。（→p.6）

□遺伝子，DNA，染色体，ゲノムの関係がわかる。（→p.8）

□体細胞分裂の過程，細胞周期と遺伝情報の複製の関係がわかる。（→p.8）

□タンパク質の構造，生体内でのタンパク質の働きがわかる。（→p.10）

□セントラルドグマの概念がわかる。（→p.10）

□RNAの構造がわかる。（→p.10）

□形質発現の過程がわかり，遺伝情報の発現の違いが生じる理由を説明できる。（→p.10, 11）

□体液の種類とその違いがわかる。（→p.12）

□哺乳類の心臓における循環のしくみを説明できる。（→p.12）

□血液の成分とその役割を説明できる。（→p.12）

□血液凝固のしくみがわかる。（→p.12）

□酸素解離曲線の意味を理解し，放出される酸素量を計算することができる。（→p.13）

□肝臓と腎臓の働きがわかる。（→p.14）

□神経系の分類と自律神経系の働き（交感神経と副交感神経の違い）がわかる。（→p.14）

□ホルモンによる調節がわかる。（→p.15）

□ホルモンと自律神経による調節の違いがわかる。（→p.15）

□負のフィードバック調節がわかる。（→p.15）

□血糖濃度調節と体温調節がわかる。（→p.17）

□物理・化学的防御のしくみがわかる。（→p.19）

□自然免疫と獲得免疫の違い，体液性免疫と細胞性免疫のしくみがわかる。（→p.19）

□免疫のしくみと病気との関わりを説明できる。（→p.20）

□バイオームの意味がわかる。（→p.22）

□森林の階層構造がわかる。（→p.22）

□光の強さと光合成（CO_2吸収速度）の関係をグラフで表せる。（→p.22）

□陽生植物と陰生植物，陽樹と陰樹の違いがわかる。（→p.23）

□遷移の過程を理解しており，一次遷移と二次遷移，乾性遷移と湿性遷移の違いがわかる。（→p.23）

□バイオームと年平均気温・年間降水量の関係がわかる。（→p.25）

□さまざまなバイオームの特徴と代表的な植物，おもな成立地域がわかる。（→p.25, 26）

□暖かさの指数とバイオームの関係がわかる。（→p.26）

□水平分布と垂直分布の関係がわかる。（→p.26）

□生態系の構成がわかる。（→p.28）

□生産者と消費者および分解者の働きがわかる。（→p.28）

□捕食と被食による生物のつながりがわかる。（→p.28）

□食物連鎖と食物網の違いがわかる。（→p.29）

□キーストーン種について説明できる。（→p.29）

□栄養段階と生態ピラミッドの関係がわかる。（→p.29）

□生態系の復元力によるバランスとその崩壊を説明できる。（→p.30）

□自然浄化がわかる。（→p.30）

□人間活動による生態系への悪影響を，例をあげて説明できる。（→p.30, 31）

□温室効果と地球温暖化の関係がわかる。（→p.31）

□外来生物の影響と対策，生態系の多様性とその保護のとりくみがわかる。（→p.31）

問題タイプ別大学入学共通テスト対策問題集　生物基礎　表紙・本文デザイン　難波邦夫

2024年4月20日　初版第1刷発行
2025年4月20日　初版第2刷発行

●著作者　駿台予備学校講師　河崎　健吾
　　　　　駿台予備学校講師　佐野恵美子
　　　　　駿台予備学校講師　佐野　芳史
　　　　　駿台予備学校講師　橋本　大樹
　　　　　駿台予備学校講師　布施　敏昭
　　　　　実教出版　編修部
●発行者　小田　良次
●印刷所　株式会社太洋社

〒102-8377
東京都千代田区五番町5
電話　03-3238-7777（営業）
　　　03-3238-7781（編修）
　　　03-3238-7700（総務）
https://www.jikkyo.co.jp/

●発行所　実教出版株式会社

002502009014024

ISBN978-4-407-36329-6

マーク例

良い例	悪い例
●	⊙ ⊗ ◐ ◖

① 年・組・番号を記入し、その下のマーク欄にマークしなさい。

年・組・番号欄

年	組	番号
⓪①②③④⑤⑥⑦⑧⑨	⓪①②③④⑤⑥⑦⑧⑨	⓪①②③④⑤⑥⑦⑧⑨	⓪①②③④⑤⑥⑦⑧⑨	①②③④⑤⑥⑦⑧⑨

学年等チェック欄

② 氏名・フリガナを記入しなさい。

フリガナ	
氏名	

氏名等チェック欄

③
・下の解答欄で解答する科目を、1科目だけマークしなさい。
・解答科目欄が無マーク又は複数マークの場合は、0点となります。

解答科目欄

| 物理基礎 ○ |
| 化学基礎 ○ |
| 生物基礎 ○ |
| 地学基礎 ○ |

解答科目チェック欄

模擬問題（第　回）解答用紙

（大学入試センターHP参考）

注意事項
1 訂正は、消しゴムできれいに消し、消しくずを残してはいけません。
2 所定欄以外にはマークしたり、記入したりしてはいけません。
3 汚したり、折りまげたりしてはいけません。

解答番号	解答欄 1 2 3 4 5 6 7 8 9 0 a b
1	①②③④⑤⑥⑦⑧⑨⓪ⓐⓑ
2	①②③④⑤⑥⑦⑧⑨⓪ⓐⓑ
3	①②③④⑤⑥⑦⑧⑨⓪ⓐⓑ
4	①②③④⑤⑥⑦⑧⑨⓪ⓐⓑ
5	①②③④⑤⑥⑦⑧⑨⓪ⓐⓑ
6	①②③④⑤⑥⑦⑧⑨⓪ⓐⓑ
7	①②③④⑤⑥⑦⑧⑨⓪ⓐⓑ
8	①②③④⑤⑥⑦⑧⑨⓪ⓐⓑ
9	①②③④⑤⑥⑦⑧⑨⓪ⓐⓑ
10	①②③④⑤⑥⑦⑧⑨⓪ⓐⓑ
11	①②③④⑤⑥⑦⑧⑨⓪ⓐⓑ
12	①②③④⑤⑥⑦⑧⑨⓪ⓐⓑ
13	①②③④⑤⑥⑦⑧⑨⓪ⓐⓑ
14	①②③④⑤⑥⑦⑧⑨⓪ⓐⓑ
15	①②③④⑤⑥⑦⑧⑨⓪ⓐⓑ

解答番号	解答欄 1 2 3 4 5 6 7 8 9 0 a b
16	①②③④⑤⑥⑦⑧⑨⓪ⓐⓑ
17	①②③④⑤⑥⑦⑧⑨⓪ⓐⓑ
18	①②③④⑤⑥⑦⑧⑨⓪ⓐⓑ
19	①②③④⑤⑥⑦⑧⑨⓪ⓐⓑ
20	①②③④⑤⑥⑦⑧⑨⓪ⓐⓑ
21	①②③④⑤⑥⑦⑧⑨⓪ⓐⓑ
22	①②③④⑤⑥⑦⑧⑨⓪ⓐⓑ
23	①②③④⑤⑥⑦⑧⑨⓪ⓐⓑ
24	①②③④⑤⑥⑦⑧⑨⓪ⓐⓑ
25	①②③④⑤⑥⑦⑧⑨⓪ⓐⓑ
26	①②③④⑤⑥⑦⑧⑨⓪ⓐⓑ
27	①②③④⑤⑥⑦⑧⑨⓪ⓐⓑ
28	①②③④⑤⑥⑦⑧⑨⓪ⓐⓑ
29	①②③④⑤⑥⑦⑧⑨⓪ⓐⓑ
30	①②③④⑤⑥⑦⑧⑨⓪ⓐⓑ

問題タイプ別 大学入学共通テスト対策問題集 生物基礎 解答編

第2編 実験・考察・計算問題対策

第1章 生物の特徴

1 解答 問1 ④ 問2 ⑤ 問3 ①

解説

問1 10倍の対物レンズと10倍の接眼レンズを使用したとき，接眼ミクロメーター1目盛りが示す長さが10μmだと**実験1**にある。この設問のように，対物レンズの倍率を10倍から40倍に変えると，顕微鏡のステージ上にある対物ミクロメーターの目盛りは4倍に拡大されてみえるが，右図のように接眼ミクロメーターの目盛りのみえ方は変化しない。よって，接眼ミクロメーターの1目盛りが示す長さは，10倍の対物レンズのときの1/4倍になる。つまり，10÷4＝2.5μmとなる。正解は④。

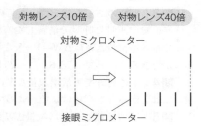

対物レンズ10倍　対物レンズ40倍

対物ミクロメーター

接眼ミクロメーター

> **実験1** 細胞の大きさを測定するために，まず，接眼ミクロメーターの1目盛りの示す長さを測定した。10倍の接眼レンズに接眼ミクロメーターをセットして，10倍の対物レンズを用いて対物ミクロメーターを検鏡した。その結果，接眼ミクロメーターの1目盛りが示す長さは10μmであることがわかった。

▶**Point** 対物レンズの倍率をa倍すると，接眼ミクロメーター1目盛りが示す長さはもとの1/a倍になる。

問2 **実験2**の表1より，領域aと領域dの細胞では，短辺方向の長さはほぼ同じだが，長辺方向の長さはaの方が長い。つまり，領域aの細胞の方が領域dの細胞よりも成長していると考えられる。成長した植物細胞で発達し，細胞の大部分を占めるのは液胞であることから，細胞の成長に伴って液胞が大きく発達することが推論できるだろう。液胞内には細胞内で合成した有機酸やアントシアンなどの色素，成長過程で生じた不要物などが蓄えられている。正解は⑤。

問3 体細胞分裂で細胞質分裂が起こると，生じた娘細胞の大きさはもとの母細胞の大きさより小さくなる。**実験2**の表1より，領域dから領域aにかけて，細胞の短辺方向の長さはほとんど変化していないが，長辺方向の長さは大きくなっている。これは，根端付近で体細胞分裂によって生じた小さな細胞が，領域dから領域aへと根端から離れる過程で，長辺方向に成長していることを意味している。正解は①。

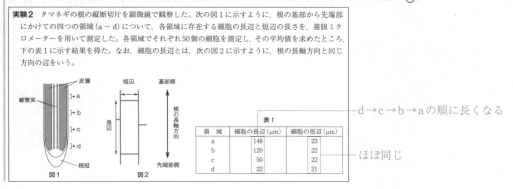

> **実験2** タマネギの根の縦断切片を顕微鏡で観察した。次の図1に示すように，根の基部から先端部にかけての四つの領域（a～d）について，各領域に存在する細胞の長辺と短辺の長さを，接眼ミクロメーターを用いて測定した。各領域でそれぞれ50個の細胞を測定し，その平均値を求めたところ，下の表1に示す結果を得た。なお，細胞の長辺とは，次の図2に示すように，根の長軸方向と同じ方向の辺をいう。

図1　図2

表1

領域	細胞の長辺（μm）	細胞の短辺（μm）
a	148	23
b	120	22
c	50	22
d	22	21

d→c→b→aの順に長くなる

ほぼ同じ

2 解答　問1 ④　問2 ③　問3 ⑤　問4 ①　問5 ②

解説

問1｜転流とは，植物体内で光合成や窒素同化により合成されたスクロースやアミノ酸などの有機物が，維管束の師管などを通って全身に運ばれる現象である。

Ⅰ〜Ⅳの処理により葉で行われる現象と，得られる葉の重量増減量ΔWは次のように表すことができる。

Ⅰ：呼吸のみ，$\Delta W = -R$　　　　Ⅱ：呼吸と転流，$\Delta W = -R - T_1$

Ⅲ：光合成と呼吸，$\Delta W = P - R$　　　Ⅳ：光合成・呼吸・転流のすべて，$\Delta W = P - R - T_2$

正解は④。

問2｜Ⅰの葉では，光合成と転流が起こらないので，葉の呼吸量が重量の減少量となって表れる。Ⅰの処理で重量増減量ΔWはΔW＝−Rと表せるので，R＝26.75mgとなる。正解は③。

問3｜葉柄のある部分を焼いたⅢの葉では，転流は起こらないが光合成と呼吸は起こるので，光合成で合成した有機物の重量と呼吸で消費した有機物の重量の差が表れる。Ⅰの処理で重量増減量ΔWはΔW＝−R，Ⅲの処理で重量増減量ΔWはΔW＝P−Rなので，ⅢからⅠを引けばP−R−（−R）＝Pとなり，Pの光合成量を求めることができる。よって，78.87−（−26.75）＝105.62mgとなる。正解は⑤。

問4｜Ⅰの処理で重量増減量ΔWはΔW＝−R，Ⅱの処理で重量増減量ΔWはΔW＝−R−T₁なので，T₁を求めるにはⅠからⅡを引けばよい。よって，−26.75−（−35.48）＝8.73mgとなる。正解は①。

問5｜Ⅲの処理で重量増減量ΔWはΔW＝P−R，Ⅳの処理で重量増減量ΔWはΔW＝P−R−T₂なので，T₂を求めるにはⅢからⅣを引けばよい。よって，78.87−8.89＝69.98mgとなる。正解は②。

問1 Ⅳの処理によって得られる葉の重量増減量ΔWを表す式はどれか，次の①〜④のうちから一つ選べ。
① $\Delta W = -R$　② $\Delta W = -R - T_1$　③ $\Delta W = P - R$　④ $\Delta W = P - R - T_2$

→ 問1の①

問2 このときのヒマワリの5時間，葉面積100cm²あたりの呼吸量は何mgか。最も適当なものを，次の①〜⑤のうちから一つ選べ。
① 8.89　② 15.48　③ 26.75　④ 78.87　⑤ 105.62

→ 問1の③−①

問3 同じく5時間，葉面積100cm²あたりの光合成量は何mgか。最も適当なものを，次の①〜⑤のうちから一つ選べ。
① 8.89　② 15.48　③ 26.75　④ 78.87　⑤ 105.62

問4 葉をアルミホイルで覆ったときの5時間，葉面積100cm²あたりの転流量は何mgか。最も適当なものを，次の①〜⑤のうちから一つ選べ。
① 8.73　② 8.89　③ 15.48　④ 26.75　⑤ 78.87

→ 問1の①−②

問5 葉をアルミホイルで覆わないときの5時間，葉面積100cm²あたりの転流量は何mgか。最も適当なものを，次の①〜⑤のうちから一つ選べ。
① 8.89　② 69.98　③ 78.87　④ 87.76　⑤ 105.62

→ 問1の③−④

3 ┃ 解答 ┃ 問1 ② 　 問2 ③ 　 問3 ② 　 問4 ①

解説

問1｜気泡が盛んに発生した試験管Bと試験管Cに火のついた線香を入れると激しく燃え上がったことから，発生した気体は酸素であると考えられる。正解は②。なお，以下の反応が起こり酸素が発生した。

　　反応式　$2H_2O_2 \rightarrow 2H_2O + O_2$

問2｜試験管Bに入れた肝臓片にはカタラーゼという酵素が存在し，試験管Cに入れた酸化マンガン（Ⅳ）は無機触媒として働く。つまり，試験管Bではカタラーゼによって，試験管Cでは酸化マンガン（Ⅳ）によって，過酸化水素の分解反応が触媒されたと考えられる。正解は③。

問3｜化学反応の進行を促進する触媒自身は，反応前後で変化しない。変化するのは触媒が作用する物質（基質）である。この実験では，酵素であるカタラーゼと無機触媒の酸化マンガン（Ⅳ）の作用で，過酸化水素という物質の分解が起こり，酸素が発生する。よって，過酸化水素が入っていなければ気体（酸素）の発生はみられない。正解は②。

▶**Point**　酵素は決まった物質にだけ触媒作用を示す。

問4｜試験管Bと試験管Cでしばらく経って気泡が発生しなくなったのは，カタラーゼと酸化マンガン（Ⅳ）が作用する物質である過酸化水素が，すべて分解されてなくなったからである。よって，過酸化水素を追加すると，カタラーゼと酸化マンガン（Ⅳ）の作用で過酸化水素の分解が再び始まり，酸素の放出が起こる。正解は①。

▶**Point**　酵素や無機触媒は反応前後で変化しない。

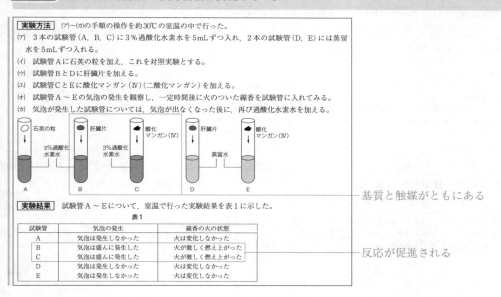

実験方法　(ア)～(カ)の手順の操作を約30℃の室温の中で行った。
(ア)　3本の試験管（A，B，C）に3％過酸化水素水を5mLずつ入れ，2本の試験管（D，E）には蒸留水を5mLずつ入れる。
(イ)　試験管Aに石英の粒を加え，これを対照実験とする。
(ウ)　試験管BとDに肝臓片を加える。
(エ)　試験管CとEに酸化マンガン（Ⅳ）（二酸化マンガン）を加える。
(オ)　試験管A～Eの気泡の発生を観察し，一定時間後に火のついた線香を試験管に入れてみる。
(カ)　気泡が発生した試験管については，気泡が出なくなった後に，再び過酸化水素水を加える。

—— 基質と触媒がともにある

実験結果　試験管A～Eについて，室温で行った実験結果を表1に示した。

表1

試験管	気泡の発生	線香の火の状態
A	気泡は発生しなかった	火は変化しなかった
B	気泡は盛んに発生した	火が激しく燃え上がった
C	気泡は盛んに発生した	火が激しく燃え上がった
D	気泡は発生しなかった	火は変化しなかった
E	気泡は発生しなかった	火は変化しなかった

—— 反応が促進される

4 解答 問1 アー③ イー⑤　問2 ②，⑥（順不同）　問3 ウー② エー④ オー⑤

解説

問1 細胞分裂時に染色体が均等に分配されることから，1902年にサットンが遺伝子は染色体上にあるという染色体説を提唱した（ア）。

染色体は主にDNAとタンパク質で構成され，ヒストンというタンパク質にDNAが巻きついたヌクレオソームを形成する。

> 20世紀になって ア に遺伝子が存在するという説が提唱されて以降，遺伝子の本体が何であるかについて，議論がなされてきた。 ア の主な構成物質はDNAと イ であるが，(a)様々な研究によって，遺伝子の本体がDNAであることが証明された。DNAは，(b)ヌクレオチドとよばれる構成単位が，鎖状に結合した高分子化合物である。

— 染色体説
— DNAとタンパク質

問2 ①リンを多く含む物質はミーシャーが発見し，現在ではDNAとわかっている。

②肺炎双球菌を用いて，形質転換を引き起こす因子がDNAであることを明らかにしたのはエイブリー（1944年）。

③シャルガフがDNAのAとT，GとCの比が等しいことを示した。

④ワトソンとクリックは，1953年にDNAが二重らせん構造をとることを示した。

⑤メンデルは1865年に遺伝の規則性を発表した。

⑥ハーシーとチェイスは，バクテリオファージの増殖するしくみから，遺伝子の本体がDNAであることを明らかにした（1952年）。

①③④は，DNAが遺伝を担うかどうかには関係しない。⑤はDNAの知られない時期のものなので，これらは誤り。

> ① 研究者Aは，白血球を多量に含む傷口の膿に，リンを多く含む物質が存在することを発見した。
> ② 研究者Bらは，病原性のない肺炎双球菌に対して，病原性を有する肺炎双球菌の抽出物（病原性菌抽出物）を混ぜて培養すると，病原性のある菌が出現するが，DNA分解酵素によって処理した病原性菌抽出物を混ぜて培養しても，病原性のある菌が出現しないことを示した。
> ③ 研究者Cらは，いろいろな生物のDNAについて調べ，アデニンとチミン，グアニンとシトシンの数の比が，それぞれ1:1であることを示した。
> ④ 研究者Dらは，DNAの立体構造について考察し，2本の鎖がらせん状に絡み合って構成される二重らせん構造のモデルを提唱した。
> ⑤ 研究者Eは，エンドウの種子の形や，子葉の色などの形質に着目した実験を行い，親の形質が次の世代に遺伝する現象から，遺伝の法則性を発見した。
> ⑥ 研究者Fらは，バクテリオファージ（T₂ファージ）を用いた実験において，ファージを細菌に感染させた際に，DNAだけが細菌に注入され，新たなファージがつくられることを示した。

研究者A：ミーシャー
研究者B：エイブリー

研究者C：シャルガフ

研究者Dら：ワトソンとクリック

研究者E：メンデル

研究者Fら：ハーシーとチェイス

問3 核酸は塩基と糖とリン酸からなるヌクレオチドが多数結合してできている。核酸にはDNAとRNAの2種類があり，糖と塩基の種類が異なる。DNAの糖はデオキシリボースで，塩基はアデニン・チミン・グアニン・シトシン。一方，RNAの糖はリボースで，塩基はアデニン・ウラシル・グアニン・シトシン。

> DNAとRNAはともに，ヌクレオチドが連なった構造をとっている。ヌクレオチドは， ウ ， エ ，およびリン酸から構成されている。RNAのヌクレオチドは， ウ としてチミンのかわりにウラシルが使われている点や， エ が オ である点において，DNAのヌクレオチドと異なっている。

— 塩基と糖
— 塩基
— RNAの糖はリボース

5 解答 | 問1 ⑧ 問2 ④ 問3 ④ 問4 ① 問5 ②

解説

問1 | 通常DNAは2本のヌクレオチド鎖からなり，ヌクレオチド鎖の間でアデニン（A）とチミン（T），グアニン（G）とシトシン（C）の組合せで塩基対を形成している。よって，DNA中のアデニン（A）とチミン（T），グアニン（G）とシトシン（C）の数は等しく，これをシャルガフの規則という。このシャルガフの規則は，2本鎖のDNAで成立するもので，この設問にあるような1本鎖のDNAでは成立しない。よって，ア～コの中からシャルガフの規則が成立しないものを選べばよい。これにあてはまるのはクである。正解は⑧。

問2 | 肝臓の細胞に比べて，精子は減数分裂でDNA量が半減している。また，同じ個体であれば，組織や器官が異なっても，四つの塩基それぞれの割合は同じである。よって，これらを満たしているのはウとエである。もちろん，ウが肝臓でエが精子である。正解は④。

生物材料	DNA中の各構成要素数の割合				核1個あたりの平均のDNA量
	A	G	C	T	
ウ	28.9	21.0	21.1	29.0	6.4
エ	28.7	22.1	22.0	27.2	3.3

問3 | G（%）＝x（%）とおくと，G（%）＝C（%）＝x（%）となる。また，「TがGの2倍量含まれていた」ことから，A（%）＝T（%）＝2x（%）となる。よって，A（%）＋T（%）＋G（%）＋C（%）＝100（%）より，x＝100／6（%）となる。よって，A（%）＝2x（%）＝100／3 ≒ 33.3（%）となる。正解は④。

▶Point　DNAでは，A（%）＝T（%），G（%）＝C（%）が成立する。

問4 | ゲノムとは，その生物の遺伝情報1セットを指し，精子や卵など生殖細胞がもつ遺伝情報（遺伝子だけではない）が単位となる。ヒトであれば23本の染色体上にある遺伝情報1セットとミトコンドリアDNAの遺伝情報にあたり，ヒトの体細胞は父方と母方に由来する2セットのゲノムをもつことになる。正解は①。

問5 | ヒトのゲノムは，そのほとんどが核内の23本の染色体の中にある。1本の染色体に含まれるDNAの平均の長さは，90÷23 ≒ 3.91cmとなる。正解は②。

表1

生物材料	DNA中の各構成要素の数の割合 [%]				核1個あたりの平均のDNA量 [×10^{-12}g]
	A	G	C	T	
ア	26.6	23.1	22.9	27.4	95.1
イ	27.3	22.7	22.8	27.2	34.7
ウ	28.9	21.0	21.1	29.0	6.4
エ	28.7	22.1	22.0	27.2	3.3
オ	32.8	17.7	17.3	32.2	1.8
カ	29.7	20.8	20.4	29.1	―
キ	31.3	18.5	17.3	32.9	―
ク	24.4	24.7	18.4	32.5	―
ケ	24.7	26.0	25.7	23.6	―
コ	15.1	34.9	35.4	14.6	―

――比が等しく，量が半分

――シャルガフの規則が成り立たない

―：データなし

6 解答　問1　②・⑤　　問2　③・⑥

解説

問1｜バクテリオファージ（ファージ）は，大腸菌などの細菌に感染するウイルスである。以下にファージの増殖の過程を示す。

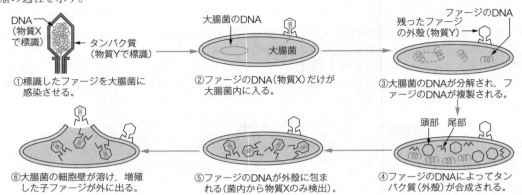

①標識したファージを大腸菌に感染させる。

②ファージのDNA（物質X）だけが大腸菌内に入る。

③大腸菌のDNAが分解され，ファージのDNAが複製される。

④ファージのDNAによってタンパク質（外殻）が合成される。

⑤ファージのDNAが外殻に包まれる（菌内から物質Xのみ検出）。

⑥大腸菌の細胞壁が溶け，増殖した子ファージが外に出る。

　ファージはDNAとタンパク質からできており，単独では増殖できない。このことを利用して，ハーシーとチェイスは，遺伝子がDNAであることを示した。彼らは放射性物質を用いて，DNAとタンパク質をそれぞれ標識し，ファージが感染したときに大腸菌内に入る物質がDNAであることを示した。また，大腸菌内で増殖したファージが，放射性物質で標識されたDNAを含んでいたことから，DNAは親から子へ伝わる遺伝物質であることがわかった。

　実験1では，沈殿した大腸菌とともに物質Xが検出されたので，大腸菌内にファージのタンパク質は入らず，DNAが入ったことが推定される。また，上澄みに検出されたXは感染しなかったファージのDNAと考えられる。**実験2**の結果は，**実験1**で大腸菌内に入ったファージのDNAの働きでファージが増殖したと考えられる。

①：**実験1**で大腸菌とともに沈殿したのはDNAの目印である物質Xであり，タンパク質の目印である物質Yはほとんど検出されていない。つまり，ファージのタンパク質のほとんどは上澄みにあり，沈殿にあるXとはかたく結びついていない。よって誤り。

②：**実験1**で感染5分後に撹拌，遠心後の沈殿にDNAの目印である物質Xが検出されたことからファージのDNAは感染5分以内に大腸菌内に入っている。よって正しい。

③：ファージのDNAが大腸菌の表面に付着しているなら，**実験1**で激しく撹拌したときに，表面から離れてしまうと考えられる。よって誤り。

④：**実験1**から，大腸菌内に入ったのはファージのDNAであり，タンパク質ではないと考えられる。よって誤り。

⑤：**実験2**で，培養3時間後に，大腸菌が壊れて多くのファージが生じている。つまり，**実験1**で大腸菌内に入ったファージのDNAの働きにより，大腸菌内でファージのタンパク質やDNAが合成されたと考えられる。よって正しい。

⑥：**実験2**の上澄みには，多くのファージは存在するが，大腸菌は存在しない。ファージは大腸菌に感染しないと増殖できない。よって誤り。

　したがって，正解は②と⑤。

実験1　ファージのDNAを物質X，ファージのタンパク質を物質Yで，それぞれ後で区別できるように目印をつけた。このファージを，培養液中の大腸菌に感染させた。5分後に激しく撹拌して大腸菌に付着したファージをはずした後，遠心分離して大腸菌を沈殿させた。沈殿した大腸菌を調べたところ，物質Xが検出されたが，物質Yはほとんど検出されなかった。また，上澄みを調べたところ，物質X，物質Yのどちらも検出された。

実験2　**実験1**で沈殿した大腸菌を，新しい培養液中で撹拌し培養したところ，3時間後にすべての大腸菌の菌体が壊れた。その後に，培養液を遠心分離して，壊れた大腸菌を沈殿させ，上澄みを調べたところ，ファージは**実験1**で最初に感染に用いた数の数千倍になっていた。

▶**Point**　ファージが感染したとき，大腸菌内に入る物質はDNAである。

問2｜DNAに関する基本的な知識の確認問題である。

①：DNAは2本のヌクレオチド鎖からなり，ヌクレオチド鎖の間でアデニン（A）とチミン（T），グアニン（G）

とシトシン（C）の組合せで塩基対を形成する。よって誤り。

②：DNA中のアデニン（A）とチミン（T），グアニン（G）とシトシン（C）の数は等しく，これをシャルガフの規則という。しかし，A（%）＋T（%）＝G（%）＋C（%）は成立するとは限らない。よって誤り。

③：ファージのDNAは遺伝子と考えられる。よって，新しく生じるファージには，複製されて同じDNAが伝えられる。よって正しい。

④：DNAの遺伝情報は，連続した三つの塩基配列でアミノ酸一つを指定する。よって誤り。

⑤：ショウジョウバエに限らず，1個体のつくる精子は，減数分裂でランダムに対立遺伝子のうち片方の分配を受けることや，乗換えも起こるので多様性が生じる。よって誤り。

⑥：減数分裂直後の精細胞は，その後，細胞分裂をしないので，DNAの複製は起こらない。よって，DNAは通常の二重らせん構造をしている。よって正しい。

したがって，正解は③と⑥。

7 解答 **問1** ⑤ **問2** ア—① イ—⑤

解説

問1 ①個体間でゲノムの塩基配列は異なるので誤り。

②リンパ球などの一部の細胞以外，ゲノムの塩基配列は細胞が分化しても変化しないので誤り。

③遺伝情報が複製されるのは，間期なので誤り。

④パフは，転写している部分に形成され一部だけが膨らむ。全遺伝子が転写されるわけではないため誤り。

⑤ゲノムが共通していても，器官によって異なるタンパク質がつくられるように発現が調節されている。

問2 問題文から翻訳領域全体の塩基対の総数を，30億 × 0.015 = 4500万である。ヒトの遺伝子数は約2万であることから，遺伝子1つあたりの塩基対の数は，4500万 ÷ 2万 = 2250と計算できるので，アには最も近い2千が適当である。

同様に，遺伝子1つあたりの塩基対の数は，30億 ÷ 2万 = 15万となる（イ）。

> ヒトのゲノムは約30億塩基対からなっている。タンパク質のアミノ酸配列を指定する部分（以後，翻訳領域とよぶ）は，ゲノム全体のわずか1.5%程度と推定されているので，ヒトのゲノム中の個々の遺伝子の翻訳領域の長さは，平均して約 **ア** 塩基対だと考えられる。また，ゲノム中では平均して約 **イ** 塩基対ごとに一つの遺伝子（翻訳領域）があることになり，ゲノム上では遺伝子としてはたらく部分はとびとびにしか存在していないことになる。

8 解答 **問1** ①

解説

問1 細胞分裂1回にかかる時間と観察される各時期の細胞の割合から，細胞分裂の各時期の所要時間を求めることができる。ただし，細胞分裂が始まる時間が同調していると，すべての細胞が同じ時期になって観察される細胞もすべて同じになってしまうので，割合を利用した計算ができなくなってしまう。

9 解答　問1 ③　問2 ②　問3 ア−② イ−③ ウ−①　問4 エ−③ オ−⑧ カ−⑦

解説

問1｜例えば，動物は受精卵1個から体細胞分裂を繰り返して多細胞となり，1個体ができあがる。1個体を形成する多くの細胞は，通常同じ遺伝情報をもっている。しかし，体細胞には形や働きの異なる細胞が多く存在している。これは，同じ遺伝情報の中から発現している遺伝子が異なっているからである。このように，異なる遺伝子が発現して特定の形や働きをもつようになることを分化という。よって，正解は③。

①：もともともっていなかった遺伝子を取り込んで，働きや形（形質）が変化することを形質転換という。

②：ユスリカなどの幼虫のだ腺（だ液腺）染色体のふくらみをパフという。パフでは遺伝子の発現が起こっており，DNAから転写によりmRNA（伝令RNA）が盛んに合成されている。

④：発現とは，染色体中の遺伝子が転写された後に翻訳され，タンパク質が合成される現象である。

問2｜まず，図1のグラフの縦軸は，目盛りが等間隔でないことに注意が必要である。これは縦軸が対数目盛（個数の対数をとって目盛りが表示されている）であるためで，目盛線がないところの値を大まかに読み取るのは誤差が大きくなり危険である。培養細胞のように，非同調的に活発に分裂を繰り返している細胞の集団では，細胞分裂の1周期（1回の間期＋1回の分裂期）にかかる平均時間が経過すれば，細胞の数が2倍に増えるはずなので，これを利用して，逆に細胞数が2倍に増えるのにかかる時間をグラフから読み取ればよい。

▶**Point**　非同調的に活発に分裂を繰り返している細胞の集団では，
　　　　　1回の間期と1回の分裂期にかかる平均時間 ＝ 細胞数がもとの2倍になるのにかかる時間

問3｜活発に体細胞分裂を繰り返している細胞では，分裂期に先立つ間期の途中に，遺伝子の実体であるDNAを合成して倍加し，これが分裂期において二つの娘細胞に均等に分配される。図2のように，細胞がもつべきDNA量の基本量を2単位量とするなら，DNA合成の途中にある細胞がもつDNA量は，2単位よりは多く，4単位よりは少ないことになる。図2ではCの細胞がこの条件にあてはまる。DNA合成を終えたが，まだ間期にある細胞および分裂期の途中にある細胞は，どちらも4単位量のDNAをもっていることになり，図2ではDの細胞がこれにあたる。そして，それまで1個だった細胞は，分裂期を終了した時点で2個と見なされるようになるので，このとき，1個の細胞のもつDNA量は2単位量になり，これ以降，「分裂期の後，DNA合成開始までの時期」には細胞がもつDNA量は2単位量の状態が維持される。

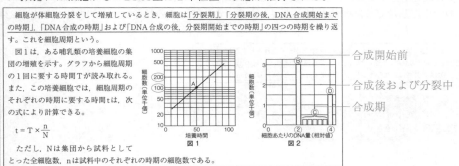

細胞が体細胞分裂をして増殖しているとき，細胞は「分裂期」，「分裂期の後，DNA合成開始までの時期」，「DNA合成の時期」および「DNA合成の後，分裂期開始までの時期」の四つの時期を繰り返す。これを細胞周期という。

図1は，ある哺乳類の培養細胞の集団の増殖を示す。グラフから細胞周期の1回に要する時間Tが読み取れる。また，この培養細胞では，細胞周期のそれぞれの時期に要する時間tは，次の式により計算できる。

$$t = T \times \frac{n}{N}$$

ただし，Nは集団から試料としてとった全細胞数，nは試料中のそれぞれの時期の細胞数である。

合成開始前
合成後および分裂中
合成期

問4｜問題文に，細胞周期のそれぞれの時期に要する時間は，細胞周期1回に要する時間に，観察した全細胞に占めるそれぞれの時期の細胞の割合を掛けることで算出できることが述べられている。この問では観察した全細胞にあたる6000個の細胞のうちの，それぞれの時期の細胞の割合を求めればよいことがわかる。後は，全問正解のためには問3ができていることが条件となる。エは，（300／6000）×100＝5％となる。オは図2に基づき，（3000／6000）×100＝50％となる。カは，（1500／6000）×100＝25％となる。

10

解答　問1　④　　問2　④　　問3　④　　問4　③　　問5　②

解説

問1　クリックは，すべての生物において図１のような遺伝情報の流れがあるとして，セントラルドグマを提唱した。

　アは，真核生物では核内で行われるDNAの複製である。DNAの複製は，細胞周期のDNA合成期（S期）に行われる。イは，DNAの遺伝情報がRNAに写し取られる転写である。転写では，DNAの２本鎖の片方のヌクレオチド鎖に，相補的な塩基をもつヌクレオチドがつながれてRNAができる。RNAのヌクレオチドはDNAのそれと異なり，糖はリボース，塩基はTのかわりにU（ウラシル）を用いる。DNAの遺伝情報がタンパク質のアミノ酸配列である場合，転写で合成されたRNAは，mRNA（伝令RNA）とよばれ，連続した三つの塩基で一つのアミノ酸を指定する。ウは，タンパク質の合成が行われる翻訳の過程である。翻訳はリボソームで行われ，mRNAの連続した三つの塩基が指定するアミノ酸がつながれてタンパク質が合成されていく。正解は④。

問2　DNAの複製とDNAからRNAへの転写は，真核生物では核内で行われる。正解は④。

問3　DNAの一方の鎖のヌクレオチド鎖に，相補的なRNAの塩基配列がつくられる。DNAからRNAへの転写では，AはU，TはA，GはC，CはGに写し取られる。正解は④。

> ▶Point　RNAではDNAのTのかわりにUを用いる。

問4　転写と翻訳に関する知識を問う設問である。
①：RNAはふつう１本鎖である。よって誤り。
②：すべての生物，細胞はタンパク質を合成する。原核生物も当然タンパク質を合成する。よって誤り。
③：DNAとRNAの遺伝情報は，連続した三つの塩基でアミノ酸一つを指定し，タンパク質のアミノ酸配列を指定する。よって正しい。
④：グリコーゲンは，動物が筋肉や肝臓に蓄えている炭水化物である。よって誤り。
⑤：タンパク質の立体構造を決めるのは，そのアミノ酸配列である。アミノ酸配列はDNAの遺伝情報によって決まっており，アミノ酸配列が異なればタンパク質の立体構造も異なる。よって誤り。
　したがって，正解は③。

問5　1200個のアミノ酸を指定するのに必要なDNAの塩基数は，$1200 \times 3 = 3600$となる。これは，DNAの２本鎖の片方の塩基なので，塩基対でも3600塩基対が必要となる。よって，この長さは，$3600 \div 10 \times 3.4 = 1224$nmとなる。正解は②。

> **問5**　ある生物の遺伝子の一つから1200個のアミノ酸からなるタンパク質がつくられるとすると，このタンパク質のアミノ酸配列を指定するDNAの長さは何nmか，最も適当なものを，次の①～⑥のうちから一つ選べ。ただし，DNAの長さは二重らせん１巻き（10塩基対を含む）あたり3.4nmとする。

> ▶Point　DNAとRNAの遺伝情報は，連続した三つの塩基でアミノ酸一つを指定し，タンパク質のアミノ酸配列を指定する。

11 解答 問1 ④ 問2 ⑤ 問3 ③

解説

問1 DNAの遺伝情報をもとにmRNAを合成する過程が転写であり，RNAのヌクレオチドを基質として，mRNAを合成する酵素（RNAポリメラーゼ）によりヌクレオチドがつながれ，mRNAが合成される。

①：DNAを合成するのに必要な要素のみなので誤り。

②・③：基質であるヌクレオチドと，それを合成する酵素の組合せが合っていないので誤り。

問2 RNAがもつ塩基は，A（アデニン）・U（ウラシル）・G（グアニン）・C（シトシン）の4種類である。「〇〇C」というコドンは，AAC，AUC，AGC…のようになり，始めの二つの塩基の組合せとして，$4 \times 4 = 16$ 種類できる。よって，それぞれのコドンが異なるアミノ酸を指定する場合，最大で16種類のアミノ酸を指定することができる。異なるコドンでも同じアミノ酸を指定するものがあるため，コドンの種類分のアミノ酸がつくられることは少ない。

問3 ア：mRNAをもとに翻訳が起こるかを検証するためには，mRNAを含む試験管と含まない試験管が必要である。図1の右側の試験管にmRNAを分解する酵素を加えてmRNAを分解する（ア）。

図1の左側（mRNAを分解する酵素を加えなかった試験管）にはmRNAが含まれるので，mRNAをもとに翻訳が起こってタンパク質Gが合成される。そのため，紫外線を照射すると緑色の光が確認される（イ）。

図1の右側（mRNAを分解する酵素を加えた試験管）にはmRNAが含まれないので，翻訳が起こらずタンパク質Gは合成されない。そのため，紫外線を照射しても緑色の光は確認されない（ウ）。

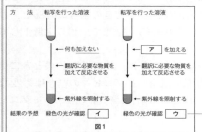

タンパク質Gがあれば緑色の光が確認できる

第2章	ヒトのからだの調節

12 **解答**　問1　③　　問2　②　　問3　①　　問4　①

解説

問1｜血液に関する知識を問う設問である。

①：血液の温度，酸素濃度，pH，さまざまな物質濃度は常に一定ではなく，いろいろな影響で絶えず変動するが，体内にはこれらを一定に保とうとするしくみがある。よって正しい。

②：酸素ヘモグロビンが多く，鮮紅色をしている血液は動脈血である。よって正しい。

③：肺動脈では，組織から戻ってきた血液が心臓から肺に流れる。組織から戻ってきた血液は酸素ヘモグロビンが少ない，暗赤色をした静脈血なので静脈血である。よって誤り。なお，肺動脈では静脈血，肺静脈では動脈血が流れるので注意すること。

④：各組織から生じた二酸化炭素は赤血球で運ばれるものもあるが，大部分は血しょうに溶けて運ばれる。よって正しい。

⑤：左心室内には肺から戻ってきた動脈血が，右心室内には組織から戻ってきた静脈血が流れ込む。よって正しい。

したがって，正解は③。

問2｜図1のグラフをきちんと読み取る設問である。

①：酸素濃度が40から20に減少するとき，酸素ミオグロビンの割合は，酸素ヘモグロビンの割合に比べて大きく低下する。　→　酸素濃度が40のとき酸素ミオグロビンの割合は約92で，20のときの割合は約86と，わずか6程度しか低下していない。一方，酸素ヘモグロビンの方は，それぞれ約65，約22で，40以上低下している。よって誤り。

②：酸素濃度20における酸素ミオグロビンの割合と酸素ヘモグロビンの割合の差は，酸素濃度40のときに比べて大きい。　→　酸素濃度20のとき，酸素ミオグロビンの割合は約86で酸素ヘモグロビンの割合は約22なので，その差は60以上もある。一方，酸素濃度40のときの酸素ミオグロビンの割合は約92で酸素ヘモグロビンの割合は約65と，その差は30もない。よって②は正しい。

③：全体の50％が酸素と結合しているときの酸素濃度は，ヘモグロビンよりもミオグロビンの方が高い。　→　全体の50％が酸素と結合する酸素濃度は，ミオグロビンの場合は約2，ヘモグロビンの場合は約35と，ミオグロビンの方が著しく低い。よって誤り。

④：酸素濃度が20のとき，酸素ヘモグロビンの割合は，酸素ミオグロビンよりも高い。　→　酸素濃度20のとき，酸素ヘモグロビンの割合は約22だが，酸素ミオグロビンの割合はそれより60以上も高い約86である。よって誤り。

したがって，正解は②。

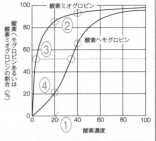

血液の機能の一つに物質運搬がある。消化器官から吸収された栄養分，内分泌腺から分泌されたホルモン，そして酸素の運搬は血液の重要な機能である。脊椎動物の血液には可逆的に酸素と結合するヘモグロビンとよばれるタンパク質が大量に含まれるため，酸素の運搬効率が高い。一方，筋肉中にはヘモグロビンと同様に可逆的に酸素と結合するタンパク質のミオグロビンが存在する。これらのタンパク質の酸素結合力の違いから，ヘモグロビンとミオグロビンの間で酸素の移動が起こる。酸素運搬におけるヘモグロビンとミオグロビンの役割を考えるため，以下の実験を行った。

実験　ある哺乳類の血液と筋肉から，それぞれヘモグロビンとミオグロビンの抽出液を得た。温度と二酸化炭素の濃度を一定にし，さまざまな酸素の濃度のもとで，ヘモグロビンあるいはミオグロビンが酸素と結合する割合を調べ，酸素解離曲線を作成した（図1）。また，図に示した酸素解離曲線のときと二酸化炭素濃度をかえて同様の実験を行い，ヘモグロビンの酸素解離曲線を作成した。

図1　ヘモグロビンとミオグロビンの酸素解離曲線
（注）横軸の酸素濃度は，肺胞での濃度を100とした場合の相対値で示す。

問3｜二酸化炭素濃度が高くなると，ヘモグロビンの酸素親和性は低下する。よって，グラフは右下に移動する。これは，二酸化炭素濃度が高い組織で，ヘモグロビンがより多くの酸素を解離して組織に供給することに適した性質である。正解は①。

▶Point　同じ酸素濃度のところの酸素ヘモグロビンまたは酸素ミオグロビンの割合をみると，酸素親和性を
　　　　比較することができる。酸素と結合しているヘモグロビン（または，ミオグロビン）の割合が大き
　　　　いほど酸素親和性が高い。酸素親和性が高いほど酸素を解離しにくい。

問4｜図1のグラフから，生体内での役割について推論する設問である。グラフの内容が，生体内の何に対応するのか注意して判断することが大切である。まず，グラフの中にある「横軸の酸素濃度は，肺胞での濃度を100とした場合の相対値」という部分を見落としてはいけない。

　肺胞の条件では，酸素ヘモグロビンも酸素ミオグロビンも，95％以上が酸素と結合した状態になる。筋肉の酸素濃度は書かれていないが，肺胞に比べて低いことは知っているはずである。例えば，横軸の20のところが筋肉だとすれば，ヘモグロビンの20％程度しか酸素と結合していられないのに対して，ミオグロビンの80％以上が酸素と結合していられる。つまり，肺胞から筋肉へ移動してくると，酸素ヘモグロビンは酸素を離すことになり，それを筋肉のミオグロビンが受け取るわけである。よって，①が正解。

　その他の選択肢について誤りを確認しておこう。

②：筋肉では，酸素ミオグロビンは酸素を離し，ヘモグロビンがその酸素と結合することにより，酸素が蓄えられる。　→　ミオグロビンとヘモグロビンの役割が逆であるため誤り。

③：酸素ミオグロビンと酸素ヘモグロビンは，酸素濃度が高くなるとより多くの酸素を離すため，酸素が筋肉に供給される。　→　酸素濃度が高くなると酸素と結合する割合が高まる（酸素を離しにくくなる）グラフなので誤り。

④：筋肉では，ヘモグロビンが酸素と結合する割合はミオグロビンよりも高いため，酸素が筋肉に供給される。　→　同じ酸素濃度において，ヘモグロビンが酸素と結合する割合は常にミオグロビンより低いため誤り。

▶Point　グラフを読み取る際には，次のことに注意する。
　　　　　◎縦軸の項目・横軸の項目　　　◎縦軸の目盛り・横軸の目盛り
　　　　特に，複数のグラフを対応させるときには重要になる。

13

解答 | **問1** ④, ⑥（順不同）　　**問2** ④　　**問3** ア―② イ―③ ウ―⑤ エ―①

解説

問1 | ①感覚器官や骨格筋を支配する末梢神経系は体性神経系なので誤り。

②自律神経系の中枢は間脳なので誤り。

③交感神経が出るのは脊髄からなので誤り。副交感神経は中脳，延髄，脊髄の下部から出る。

⑤副交感神経は，胃や腸など消化器官の働きを促進しているので誤り。

正解は④・⑥。

問2 | ①糖質コルチコイドは副腎皮質から分泌されるので誤り。

②アドレナリンは副腎髄質から分泌されるので誤り。

③甲状腺刺激ホルモンは脳下垂体前葉から分泌されるので誤り。

⑤立毛筋に分布しているのは交感神経なので誤り。

問3 | 「すい臓のランゲルハンス島のA細胞からグルカゴンが分泌され」るのは，血糖濃度が低下（ア）して間脳の視床下部（イ）が刺激され，交感神経（ウ）が興奮するためである。このような経過により，血糖濃度が上昇する（エ）。

> 血糖濃度が ［ ア ］ すると，［ イ ］ が刺激されて，［ ウ ］ 神経が興奮する。その結果，すい臓のランゲルハンス島のA細胞からグルカゴンが分泌され，血糖濃度が ［ エ ］ する。

14 **解答** 問1 ④ 問2 ④ 問3 ⑤ 問4 ④ 問5 ③

解説

問1・2 海水魚と淡水魚の体液の塩類濃度はほぼ同じで，海水の約1／3と，淡水に比べるとかなり高い。したがって，海水魚は塩類濃度の高い溶液（高張液）中で生活することとなり，水を失う傾向になる。そのため，海水魚は，海水を飲んで失われた水を補い，体内に入ってくる余分な塩分を，鰓から能動輸送で排出する。腎臓では，水を再吸収するが，十分に濃縮することができず，等張尿（体液と等しい濃度の尿）を少量排出する。一方，淡水魚は塩類濃度の低い溶液（低張液）中で生活することになり，体内へ水が浸入する傾向になる。そのため，水はほとんど飲まず，多量の尿を排出して過剰な水を捨てるが，その際，腎臓で塩類を能動的に再吸収して，低張尿（薄い尿）とする。それでも不足する塩分は，腸や鰓において能動輸送で吸収し，体液の状態を一定に保っている。

問3 濃縮率は尿中濃度／血しょう中濃度を計算したものである。濃縮率が高いほど，その物質を濃縮して効率よく排出したことになる。それぞれの物質の濃縮率を計算すると，クレアチニンの$0.075／0.001＝75$がイヌリン（$12／0.1＝120$）の次に大きい。

問4 イヌリンは，ろ過されたものがすべて排出される。よって，濃縮率が120（血しょう中濃度より尿中濃度の方が120倍高い）になるのは，液量が1／120になったからである。

　よって，原尿量は尿量の120倍の量である。1分あたりの尿量（1mL）が示してあるので，これを120倍し，さらに1日あたりに計算するとよい。$1 × 120 × 60 × 24 ＝ 172800$（mL）$＝ 172.8$（L）。最も近い値なので170Lを選ぶ。

> **B** 健康なヒトの血しょう・原尿・尿の成分を調べると下の表1のようになった。測定に使ったイヌリンは植物がつくる多糖類の一種で，ヒトの体内では利用されない物質である。イヌリンを静脈に注射すると，糸球体からボーマンのうへろ過されるものすべてが，その後，再吸収されずにただちに尿中に排出される。このイヌリンの性質を利用して，濃縮率をもとに尿量から原尿量を求めることができる。
>
> 表1
>
> | 成　分 | 血しょう（%） | 原尿（%） | 尿（%） |
> |---|---|---|---|
> | タンパク質 | 7.2 | 0 | 0 |
> | グルコース | 0.1 | 0.1 | 0 |
> | ナトリウムイオン | 0.3 | 0.3 | 0.34 |
> | カルシウムイオン | 0.008 | 0.008 | 0.014 |
> | クレアチニン | 0.001 | 0.001 | 0.075 |
> | 尿素 | 0.03 | 0.03 | 2 |
> | 尿酸 | 0.004 | 0.004 | 0.054 |
> | イヌリン | 0.1 | 0.1 | 12 |

— 原尿量は尿量の120倍

問5 尿量の減少に働くホルモンはバソプレシンである。バソプレシンは集合管に作用し，水の再吸収を促進する。そのため尿量が減少する。バソプレシンは視床下部の神経分泌細胞で合成され，軸索を通って脳下垂体後葉から分泌される。

▶**Point** 腎臓の働き
　老排出物の処理：尿素や尿酸などの窒素排出物を濃縮して排出する。
　塩類濃度の調節：ホルモンなどの影響で水や塩類の再吸収量が変化する。体液の塩類濃度を一定に保つことに役立つ。

15 解答 問1 ③ 問2 ⑥ 問3 1—③ 2—③ 3—⑥

解説

内分泌系について，知識と考察を求める大問である。フィードバックを理解することが重要である。

問1 内分泌系に関する知識を整理する場合，内分泌腺—ホルモン—標的器官—作用を合わせて覚える必要がある。選択肢になっているホルモンについて確認しておこう。

①：脳下垂体後葉—バソプレシン—腎臓—水の再吸収を促進させる。

②：副腎皮質—糖質コルチコイド—肝臓など—タンパク質からグルコースを合成させる。

③：副甲状腺—パラトルモン—骨など—血中のカルシウム濃度を上昇させる。

④：副腎髄質—アドレナリン—肝臓など—血糖量を増加させる。

⑤：すい臓ランゲルハンス島A細胞—グルカゴン—肝臓など—血糖量を増加させる。

⑥：脳下垂体前葉—成長ホルモン—全身—成長の促進など。

問2 この設問も，**問1**と同様，内分泌系に関する知識が求められている。

①：血管の収縮を促進し，血圧を上昇させる。 → バソプレシンの作用の一つである。

②：血糖量を低下させる。 → すい臓ランゲルハンス島B細胞から分泌されるインスリンの作用である。

③：血液中のカルシウム濃度を上昇させる。 → パラトルモンの作用である。

④：成長を促進する。 → 成長ホルモンの作用である。

⑤：甲状腺刺激ホルモン放出ホルモンの分泌を促進する。 → 甲状腺刺激ホルモン放出ホルモンは間脳視床下部から分泌されるホルモンで，脳下垂体前葉からの甲状腺刺激ホルモンの分泌を促進する。

⑥：さまざまな代謝を促進する。 → 甲状腺から分泌されるチロキシンの作用である。

問3 甲状腺からのチロキシン分泌を調節するフィードバックのしくみ（下図）に基づいて考察する。

疾患Aは，「甲状腺刺激ホルモンと同じ働きをする物質が体内でつくられることが原因」なので，この物質によってチロキシンの分泌が増加する（チロキシンの血中濃度は上昇する）と予想できる。そして，チロキシンが高濃度になったことがフィードバックすることで，視床下部や脳下垂体前葉の働きを抑制することを考えれば，甲状腺刺激ホルモンの分泌は抑えられると判断できる。

疾患Bは，「炎症によって甲状腺の細胞が傷ついて，貯蔵されていたチロキシンがもれ出てしまうことが起こる」ので，やはり，チロキシンの血中濃度が上昇すると予想できる。すると，フィードバックによって甲状腺刺激ホルモンの分泌は抑制されるはずである。

疾患Cは，「甲状腺の細胞が炎症を起こして，甲状腺機能が低下して」，つまり，チロキシンの分泌が低下して起こる。そのため，チロキシンの血中濃度は低下しているはずであり，これがフィードバックして，視床下部からの甲状腺刺激ホルモン放出ホルモンの分泌が増加，脳下垂体前葉からの甲状腺刺激ホルモンの分泌も増加すると判断できる。

このように，ホルモンの血中濃度が高いときには分泌を減少させ，ホルモンの血中濃度が低いときには分泌を増加させるフィードバックは，負のフィードバックである。

> ホルモンを分泌する内分泌腺には，脳下垂体，副甲状腺，甲状腺，副腎，すい臓ランゲルハンス島などがあり，その働きはホルモンおよび自律神経によって調節されている。例えば，甲状腺からのチロキシンの分泌は，脳下垂体前葉から分泌される甲状腺刺激ホルモンにより調節され，甲状腺刺激ホルモンの分泌は，甲状腺刺激ホルモン放出ホルモンによって調節されている。
>
> ホルモンの分泌の異常によって，さまざまな疾患が引き起こされる。甲状腺に関する疾患も存在する。いろいろな原因があり，症状もさまざまである。例えば，疾患Aは，甲状腺刺激ホルモンと同じ働きをする物質が体内でつくられることが原因で起こる。また，疾患Bは，炎症によって甲状腺の細胞が傷ついて，貯蔵されていたチロキシンがもれ出てしまうことで起こる。疾患Cは，甲状腺の細胞が炎症を起こして，甲状腺機能が低下して起こる。

▶Point 最終的につくられたものやその効果が，その結果をもたらした経路に作用して調節するしくみをフィードバックという。

　　　　正のフィードバック：極端な状態へと暴走させるように働くフィードバック
　　　　負のフィードバック：一定状態を保ち安定化させるように働くフィードバック

16

| 解答 | 問1 | ③ | 問2 | ⑤ | 問3 | ⑤ | 問4 | ④ | 問5 | ② | 問6 | ①・⑥ |

解説

問1 **実験2**で，神経Yの働きを抑えて心臓神経を電気刺激しているが，これは神経Xの働きを促進していることになり，その結果として心臓拍動が遅くなることから神経Xが副交感神経と判断できる（副交感神経からアセチルコリンが分泌され，心臓拍動が遅くなる）。同様に，**実験3**で，神経Xの働きを抑えて心臓神経を電気刺激しているが，これは神経Yの働きを促進していることになり，その結果として心臓拍動が速くなることから，神経Yが交感神経と判断できる（交感神経からノルアドレナリンが分泌され，心臓拍動が速くなる）。

問2 各選択肢の正誤を確認しよう。

神経X（副交感神経）　　　　　　　　　　　　神経Y（交感神経）

①：血管の収縮　……　誤　　　　　　　　　瞳孔の拡大　……　正

②：立毛筋の弛緩　……　誤　　　　　　　　副腎髄質からのホルモン分泌の促進　……　正

③：気管支の収縮　……　正　　　　　　　　すい臓からのインスリン分泌の促進　……　誤

④：副腎髄質からのホルモン分泌の抑制　……　誤　　気管支の拡張　……　正

⑤：瞳孔の縮小　……　正　　　　　　　　　立毛筋の収縮　……　正

⑥：発汗の促進　……　誤　　　　　　　　　血管の拡張　……　誤

問3 **実験4**では，心臓に直接刺激が加えられているため，リンガー液に，心拍を調節する物質が含まれていることはない。

> **A** 脊椎動物は，心臓・血管・リンパ管を用いて体液を循環させている。心臓は血液を循環させる働きを担っている。
> 　心臓の拍動の調節のしくみを調べるため，カエルの心臓を使って**実験1〜4**を行った（右図）。
> **実験1** カエルの心臓の拍動は，2種類の自律神経である神経Xと神経Yを含む心臓神経で調節されている。カエルの心臓を心臓神経をつけた状態で取り出し，リンガー液中に浸したところ，心臓は拍動を続けた。
> **実験2** 神経Yの働きを抑える化学物質をリンガー液に加えて心臓神経を電気刺激すると，拍動が遅くなった。この心臓を取り除き，拍動している別の心臓をこのリンガー液に浸したところ，その拍動も遅くなった。
> **実験3** 神経Xの働きを抑える化学物質をリンガー液に加えて心臓神経を電気刺激したところ，拍動は速くなった。
> **実験4** 心臓を直接電気刺激すると，刺激している間は拍動が乱れたが，刺激をやめると拍動はすぐにもとに戻った。

問4 尿量が増えたのは，腎臓における水の再吸収を促すホルモン（バソプレシン）が減ったためである。

問5 哺乳類の脳下垂体は，前葉から成長ホルモンや甲状腺刺激ホルモンをはじめとする何種類もの刺激ホルモンを分泌する一方，後葉からバソプレシンを分泌している。そのため，脳下垂体全体を除去した場合，

　甲状腺刺激ホルモンの減少　→　甲状腺からのチロキシン分泌の減少　→　全身における代謝の低下

という変化が起こると考えられる。よって，②が正解である。なお，誤っている選択肢について確認しておこう。

①：グルカゴンの分泌が低下するので心拍数が上昇する。　→　脳下垂体はグルカゴンの分泌を調節していない。また，グルカゴンは心拍数に影響しない。

③：パラトルモンの分泌が低下するので血圧が下がる。　→　脳下垂体はパラトルモンの分泌を調節していない。また，パラトルモンは血圧に影響しない。

④：バソプレシンの分泌が低下するので血糖量が増加する。　→　バソプレシンは血糖量調節に関与していない。

問6 各選択肢について確認しておく。

①：ホルモンは赤血球によって運ばれるので，血管から離れた場所の組織には作用しない。　→　ホルモンは血しょうで運ばれるので，赤血球によって運ばれるというのは誤り。

②：一つのホルモンの作用は決まっていても，いくつかのホルモンが共同して働くので，さまざまな生理機能を制御できる。　→　血糖濃度調節では，インスリンやグルカゴン，アドレナリンなどが共同して働いている。

③：あるホルモンは，特定の器官（標的器官）にのみ作用する。　→　ホルモンは，特異的に結合するホルモン受容体をもつ細胞（標的細胞）にだけ作用する。

④：自律神経の刺激によって分泌されるホルモンもある。　→　交感神経によって副腎髄質からのアドレナリン分泌が促進される。

⑤：視床下部には，血液中のグルコース濃度の上昇を感じ，神経を通じてその濃度を低下させるホルモンの分泌

を促す中枢がある。　　→　視床下部は，血糖濃度の上昇を感知すると，副交感神経を介して血糖濃度を低下させるインスリンを分泌させる。

⑥：動物は，体内でホルモンを合成できないので，食物として摂取し利用している。　　→　ホルモンは合成できるので誤り。

⑦：一つの内分泌腺から複数のホルモンが分泌されている場合もある。　　→　脳下垂体前葉は，成長ホルモンに加えて，さまざまな刺激ホルモンを分泌する。

▶Point　自律神経の働き　　　　　　　　　　　　　　　　　　　　　　　　　—：影響を与えない

	瞳孔	気管支	心臓の拍動	胃腸の運動	立毛筋	発汗	顔面血管	呼吸
交感神経系	拡大	拡張	促進	抑制	収縮	促進	収縮	促進
副交感神経系	縮小	収縮	抑制	促進	—	—	拡張	抑制

17 **解答**　問1　③　　問2　⑥　　問3　③　　問4　1—④　2—⑤

解説

問1｜食事して血糖濃度が上昇すると，高血糖の血液が間脳の視床下部を刺激し，その刺激が副交感神経により
ランゲルハンス島B細胞に伝わる。また，高血糖をランゲルハンス島B細胞が直接感知すると，B細胞からインスリンが分泌される。インスリンの作用により細胞内へのグルコースの取り込みが促進されたり，肝臓でのグルコースからグリコーゲンへの合成が促進されたりすると，血糖濃度は低下する。

問2｜血糖濃度が低下すると分泌される，血糖濃度を上昇させるホルモンは，すい臓ランゲルハンス島A細胞から分泌されるグルカゴン，副腎髄質から分泌されるアドレナリン，副腎皮質から分泌される糖質コルチコイドなどがある。グルカゴンやアドレナリンはグリコーゲンをグルコースに分解する反応を促進し，糖質コルチコイドはタンパク質を糖化するのに働く。

問3｜血糖濃度が上昇すると，それに比例してグルコースのろ過量が増加する。それに対し，グルコースの再吸収量には限界があるので，再吸収しきれなかったグルコースは尿中に含まれるようになる。これが，糖尿である。糖尿病は腎臓の病気ではなく，血糖濃度の上昇に対し，もとの濃度に戻すしくみに異常がある病気である。

問4｜糖尿病にはインスリンの分泌が正常にできないものと，インスリンに対する応答が正常に起こらないものとがある。正常にインスリンが分泌できないものは，インスリンの濃度が低いままで血糖濃度がもとに戻りにくいものなので④を選ぶ。インスリンの受容が正常にできないもの，標的細胞が正常にグルコースを取り込むことができないものなど，インスリンに対する応答が正常にできないものは，インスリンの濃度が高くても，血糖濃度が高い⑤を選ぶ。

> インスリンはすい臓から産生されるホルモンで，血糖濃度調節に主要な役割を果たす。高血糖を
> （　a　）で感知すると，その刺激は（　b　）神経によりすい臓ランゲルハンス島B細胞に伝わる。また，高血糖をランゲルハンス島B細胞が直接感知すると，B細胞からインスリンが分泌される。インスリンの作用により細胞内へのグルコースの取り込みが促進されたり，肝臓でのグルコースから
> （　c　）への合成が促進されたりすると血糖濃度が低下して通常に戻る。
> 　インスリンが適切に働かなくなると，高血糖状態が持続し，糖尿病を引き起こす。この原因としては，すい臓のランゲルハンス島B細胞が正常にインスリンを分泌できなくなったり，標的細胞が正常にグルコースを取り込むことができなくなるなど，いろいろなものがある。

— 高血糖に対応するのはインスリンのみ

— 糖尿病の原因は複数

▶**Point**　糖尿病
上昇した血糖濃度が正常に戻りにくい，インスリンの分泌が正常にできない，インスリンの受容が正常にできない，インスリンを受容しても血糖濃度を低下させるような反応が起こりにくい，インスリンを受容しても細胞内へのグルコースの取り込みが促進されないなど，原因はいろいろある。

18 　**解答**　**問1**　アー②　イー④　ウー⑥　　**問2**　④

解説

問1｜免疫細胞Pは抗原を取り込んで他の免疫細胞を活性化させるので，樹状細胞である（ア）。免疫細胞Qは，免疫細胞Sの食作用を刺激するのでヘルパーT細胞である（イ）。免疫細胞Sは食作用により抗原を除去しているので，マクロファージや好中球である。免疫細胞Rは感染細胞を直接排除するので，キラーT細胞である。免疫細胞のうち，記憶細胞になるものにはヘルパーT細胞（Q）とキラーT細胞（R），B細胞がある（ウ）。

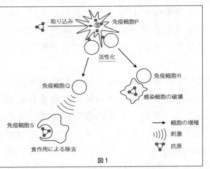

体内に侵入した抗原は図1に示すように，免疫細胞Pに取り込まれて分解される。免疫細胞QおよびRは抗原の情報を受け取り活性化し，免疫細胞Qは別の免疫細胞Sの食作用を刺激して病原体を排除し，免疫細胞Rは感染細胞を直接排除する。免疫細胞の一部は記憶細胞となり，再び同じ抗原が体内に侵入すると急速で強い免疫反応が起きる。免疫細胞Pは ア であり，免疫細胞Qは イ である。免疫細胞P〜Sのうち記憶細胞になるのは ウ である。

問2｜B細胞を抗体産生細胞へ分化させる細胞とはヘルパーT細胞のことである。

①図2の上から1番目の，抗原がない培養では抗体産生細胞数がほぼ0なので誤り。

②図2の上から2番目の培養では抗体産生細胞数がほぼ100％になっているが，図2の上から3番目の，B細胞以外のリンパ球がない培養では抗体産生細胞数が少ない。これはB細胞以外のリンパ球が関与していることを示すので誤り。

③図2の上から4番目の，「B細胞を除いたリンパ球と抗原」の培養では，抗体産生細胞数がほぼ0なので誤り。

④・⑤図2の上から3番目の「B細胞と抗原」の培養では抗体産生細胞数は少ないが，上から5番目の「B細胞を除いたリンパ球，抗原，およびB細胞」の培養では抗体産生細胞数が多い。このことから，B細胞を除いたリンパ球の中に，B細胞を抗体産生細胞に分化させる細胞が含まれると考えられる。

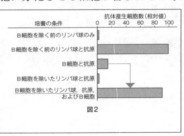

実験　マウスからリンパ球を採取し，その一部をB細胞およびB細胞を除いたリンパ球に分離した。これらと抗原とを図2の培養条件のように組合せて，それぞれに抗原提示細胞（抗原の情報をリンパ球に提供する細胞）を加えた後，含まれるリンパ球の数が同じになるようにして，培養した。4日後に細胞を回収し，抗原に結合する抗体を産生している細胞の数を数えたところ，図2の結果が得られた。

19 解答　問1　①・②　問2　③　問3　②　問4　②・④

解説

問1｜移植される個体の器官や組織の移植なら移植したものは生着するが，異なる個体の器官や組織の移植の場合は脱落する。これは，異なる器官や組織の細胞をリンパ球が非自己と認識し，キラーＴ細胞による攻撃（細胞性免疫）が起こるからである。一卵性双生児は遺伝的に同一の個体なので，一卵性双生児間の移植は自分の器官や組織の移植と同じなので生着する。

問2｜細胞性免疫の場合も体液性免疫と同様に，一度目の移植で抗原を認識して記憶細胞（細胞性免疫ではＴ細胞が記憶細胞になる）ができれば，二度目は二次応答をする。この二次応答は特異的なものなので経験した抗原に対してだけ成立する。Ｂ系統マウスの皮膚は一度移植しているので記憶細胞ができている。よって，すみやかに移植片が脱落するので一次応答より短い日数（5日程度）で脱落する。また，Ｃ系統マウスに対しては経験がないので移植片は10日程度で脱落する。

問3｜血清を注射されたときは一次応答と同じ日数で，脾細胞を移植されたときは二次応答と同じ日数で脱落する。よって，脾細胞の中には移植片に対する記憶細胞が存在すると予想できる。

> **実験1**　Ａ系統マウスの皮膚を切除し，その部分のＢ系統の皮膚を移植したところ，移植片は10日程度で脱落した。
> **実験2**　実験1で移植片を拒絶したＡ系統マウスに対し，移植片脱落後3週目に正常なＢ系統およびＣ系統マウスの皮膚を再移植した。
> **実験3**　実験1で移植片を拒絶したＡ系統マウス（複数）から，血清と，脾臓の細胞を含んだ生理的塩類溶液（脾細胞浮遊液）を調整し，それぞれ別に，移植を受けていないＡ系統マウス（複数）に注射した。その後，これらのＡ系統マウスにＢ系統マウスの皮膚を移植した。その結果，血清を注射されたマウスでは移植後10日程度で，脾細胞浮遊液を注射されたマウスでは5日程度で移植片が脱落した。

問4｜移植片拒絶反応は細胞性免疫である。移植による拒絶反応，ウイルス感染細胞やがん細胞に対する反応，ツベルクリン反応は細胞性免疫である。

▶**Point**　獲得免疫には体液性免疫，細胞性免疫がある。体液性免疫では抗原に対して特異的に結合する抗体ができる。細胞性免疫はＴ細胞が抗原を直接攻撃する。

20 解答 問1 ⓐ—④ ⓑ—① 問2 ①, ② 問3 ③

解説

問1 ウイルス感染細胞を直接攻撃できる細胞には，自然免疫で働くナチュラルキラー細胞（NK細胞）と，獲得免疫（適応免疫）で働くキラーT細胞がある。図1では，細胞ⓐはウイルス感染後すぐに働きが強くなり，細胞ⓑはウイルス感染後しばらくしてから働きが強くなっているので，細胞ⓐがナチュラルキラー細胞であり，細胞ⓑがキラーT細胞と考えられる。マクロファージは自然免疫において食作用を行う細胞であり，ヘルパーT細胞は樹状細胞からの抗原提示によって，対応するB細胞やキラーT細胞を活性化する。

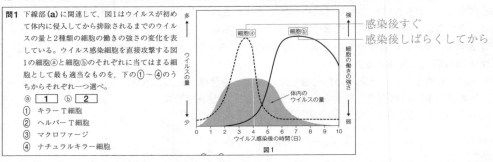

問1 下線部**(a)**に関連して，図1はウイルスが初めて体内に侵入してから排除されるまでのウイルスの量と2種類の細胞の働きの強さの変化を表している。ウイルス感染細胞を直接攻撃する図1の細胞ⓐと細胞ⓑのそれぞれに当てはまる細胞として最も適当なものを，下の①～④のうちからそれぞれ一つ選べ。

ⓐ **1** ⓑ **2**

① キラーT細胞
② ヘルパーT細胞
③ マクロファージ
④ ナチュラルキラー細胞

感染後すぐ
感染後しばらくしてから

問2 白血球などの細胞が病原体などの異物を取り込み，リソソームに含まれる酵素により分解することを食作用という。この働きをもつ白血球（食細胞）は，好中球・マクロファージ・樹状細胞の3種類である。

問3 同じ抗原が体内に再び侵入すると，1度目のときにつくられた記憶細胞がすぐに増殖・分化するため，1度目のとき（一次応答）よりも強い免疫応答が起こる（二次応答）。2回目の注射は抗原Aの2度目の侵入になるので，1回目のときよりもすみやかに多量の抗原Aに対する抗体をつくることができる。そのことを示しているグラフは③である。なお，2回目の注射による抗原Bの侵入は1度目なので，1度目の抗原Aの侵入のときと同じように，一次応答として抗原Bに対する抗体をつくる。

第3章　生物の多様性と生態系

21 解答 問1　1—②　2—⑨　3—③　問2　③　問3　②　問4　③

解説

問1｜森林では，さまざまな植物が高さの異なる空間を占めることによって形成される階層構造が発達している。森林の屋根にあたる部分を林冠とよび，この部分は丈の高い樹木（高木）の枝葉によって占められ，森林の外見を決定している。植物には，強い光を受けられなければ生存できない植物もあれば，弱い光条件下でも生育を続けられる植物もある。前者のような性質をもった樹木を陽樹，後者のような樹木を陰樹とよぶ。陽樹は陰樹より成長が速いため，遷移の過程では陰樹に先んじて森林を形成する。しかし，林冠が葉で占められ，地表に弱い光しか届かなくなると，陽樹の芽ばえは生育できなくなり，陰樹の若木だけが生育を続ける。そして，陽樹の高木が枯死すると，それにかわって陰樹が林冠を占めるようになり，陰樹林となる。いったん陰樹林となると，陰樹の高木が枯死しても，それにかわるのも陰樹ということになり，陰樹林の状態がずっと維持されることになる。このように時間的に変化がみられなくなった状態を極相とよぶ。

問2｜陽樹林の高木は陽樹であり，光補償点・光飽和点が高く，強い光条件では光合成によって多量の有機物を合成できる性質をもっている。それに対し，低木の光補償点および光飽和点は，弱い光条件下で生育できなければならないので，林冠を占めている高木より低いと考えられる。

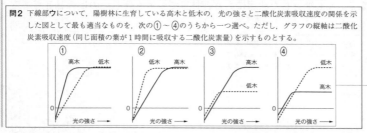

問2　下線部**ウ**について，陽樹林に生育している高木と低木の，光の強さと二酸化炭素吸収速度の関係を示した図として最も適当なものを，次の①〜④のうちから一つ選べ。ただし，グラフの縦軸は二酸化炭素吸収速度（同じ面積の葉が1時間に吸収する二酸化炭素量）を示すものとする。

高木と低木の光補償点・光飽和点をもとに考える
高木：光補償点・光飽和点とも高い
低木：いずれも高木より低い

▶**Point**　陽樹・陰樹の違い
　陽樹は陰樹より，光補償点・光飽和点が高く，強光条件下での光合成量が大きい。
　　……→　直射日光を受けられる条件なら，陽樹は陰樹より速く成長できる。

問3｜高木が，寿命ないしは風や落雷，病虫害などの原因で倒れると，これをギャップとよぶ。ある程度大きなギャップでは，地表まで直射日光が届くようになり，陽生植物の生育が可能になる。極相林も，このようなギャップが不定期に形成され，そこでは陽樹や陽生の草本類もみられる。

▶**Point**　極相林の中でも，高木が倒れてできたギャップには，陽樹や陽生の草本も生育し得る。

問4｜人為的であるか否かには関係なく，強い撹乱はその場の生物を消滅させ，それが短い周期で起これば，わずかな先駆種以外は生息できなくなる。しかし，①でも触れているように，里山は人間の手が加わることで維持されている雑木林であり，人間の手が加わらなくなると遷移が進み，やがて陰樹・陰生植物ばかりで占められた森林となる。つまり撹乱は強すぎれば種多様性を低下させるが，適度な撹乱はむしろ種多様性を高めると考えられている。②は放牧地や毎年のように火入れを行う場所などにその例がみられる。④は生活排水や肥料の流入による湖沼の富栄養化や外来生物の移入がその例といえる。

22 解答　問1 ②　問2 ⑤　問3 ④　問4 ③・⑥

解説

問1｜地衣類は，菌類と藻類が共生したもので，草本類ではない。よって，②が誤り。

①：一次遷移は裸地から始まる遷移を指す。

③：風化は植物の根が亀裂などに入り込んで成長することによって，物理的に岩石を破砕するよう働くだけでなく，植物の遺骸が分解される過程で酸が生じ，これが化学的に岩石をもろくするためによる。

④：植物は葉によって日陰をつくることをはじめとして，気温の変化をやわらげるさまざまな効果を及ぼすため，植物が密に生育する場所では，裸地に比べるとはるかに気温の変動が少なくなる。

⑤：すべての動物は，植物の栄養を直接あるいは間接的に利用することで生活している。したがって，遷移が進行し，生育する植物の量や種類が増加するにつれ，そこで生活できる動物も増え，食物網が複雑になっていく。

問2｜種A〜Cの生育状況をみると，三つの森林のうちのいずれでも種A・Cの幼木や若木がみられ，種Bの若木はみられないことから，種Bは陽樹，種AとCは陰樹と考えられる。また，森林Ⅲでは種Bの高木もみられないことから，森林Ⅲは陰樹（種A）で占められた森林であると考えられる。そして，森林Ⅰ・Ⅱに注目すると，森林Ⅱでは林冠が陽樹と考えられる種Bだけによって占められているのに対し，森林Ⅰでは森林Ⅲでもみられる種Cの高木と若木がともにみられることから，森林Ⅰは森林Ⅱより遷移が進んだ段階にあると考えられる。したがって，成立年代が最も古いのは，遷移が最も進行した状態にある森林Ⅲで，最も新しいのは森林Ⅱであると判断できる。

> 日本国内の同じ地域にある，成立年代の異なる3か所の溶岩台地の上に形成された自然林（森林Ⅰ〜Ⅲ）で，植生の調査を行った。それぞれの森林内に20m四方の調査区を設け，その中に生育している3種類の樹木（種A〜C）を，高木と亜高木・低木という二つの階級に分けて，その本数を数えたところ，表1の結果が得られた。
>
> 表1
>
> | | | 森林Ⅰ | 森林Ⅱ | 森林Ⅲ |
> |---|---|---|---|---|
> | 高木 | 種A | 0 | 0 | 15 |
> | | 種B | 9 | 19 | 0 |
> | | 種C | 8 | 0 | 3 |
> | 亜高木・低木 | 種A | 7 | 2 | 6 |
> | | 種B | 0 | 0 | 0 |
> | | 種C | 5 | 3 | 4 |

——陽樹

▶Point　森林内の弱い光条件でも陰樹は生育できるが，陽樹は生育を続けられない。
自然林の場合，陽樹林より陰樹林の方が成立年代は古い。

問3｜土壌は岩石の風化によってできる砂れきと，分解途中の植物の遺骸（腐植）が混ざり合ったものであり，植物が長年生育すれば増加する。土壌が増加すると，それに応じて土壌中の有機物や無機栄養塩類が増加し，保水力も高まる。問2より，遷移が開始されてからの経過時間は，森林Ⅱが最も短く，森林Ⅲが最も長いので，土壌量，土壌の有機物や栄養塩類の量，土壌の保水力は，Ⅱ→Ⅰ→Ⅲの順に多くなっていると考えられる。

▶Point　遷移の進行とともに，土壌量，土壌中の有機物量，土壌中の栄養塩類の量，土壌の保水力は増加する。

問4｜問2でみたように，種Bは陽樹，種A・Cは陰樹と考えられる。陽樹は陰樹に比べ，光補償点・光飽和点とも高く，光が十分あれば成長が速く，成熟するのも速いが，寿命は短いという特性をもっている。また，陽樹は陰樹に比べ，保水力が小さく，栄養塩類の少ない土地でも生育できるため，遷移の過程では陰樹に先んじて林冠を占める。

▶Point　陽樹は陰樹より，光補償点が高い　……　弱い光では生育できない
光飽和点が高く，最大光合成速度が大きい　……　光が十分なら成長が速い
速く成熟する　……　寿命は短い

23　解答　問1　1—⑤　2—④　3—②　4—①　問2　①・③

解説

問1｜図1の中で，極端な気候条件のグラフ（C・D・E）に注目するとよい。このうちCは，通年高温で多雨であり，熱帯多雨林が成立する条件にあたることが読み取れる。　ア　と　イ　は森林がみられない，ということから降水量が足りないEか，気温が低すぎるDのどちらかにあたると判断される。このうち　ア　は体内に水分を蓄える能力をもった植物，つまり，サボテンや多肉植物が多いということから，降水量が少ない（気温はある程度高い）気候条件の場所と考えられるのでEであり，　イ　はDであると結論できる。　ウ　近郊の森林は季節的に林床の明るさがかわるということから落葉樹林，　エ　近郊の森林は針葉樹林であると判断される。落葉樹林には冷温帯にみられる夏緑樹林と，熱帯・亜熱帯にみられる雨緑樹林があるが，気温が熱帯・亜熱帯の条件にあてはまるのはCしかないので，　ウ　は夏緑樹林であると考えられる。つまり，　ウ　・　エ　はA・Bのどちらかに対応することになる。そこで二つのグラフを比較すると，Aの方が11月から2月にかけての気温が低いことがみて取れるはずである。したがって，Aの方が針葉樹林が成立する場所，Bは夏緑樹林が成立する場所のグラフであると結論できる。

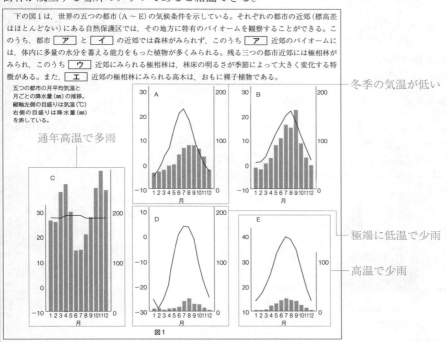

下の図1は，世界の五つの都市（A～E）の気候条件を示している。それぞれの都市の近郊（標高差はほとんどない）にある自然保護区では，その地方に特有のバイオームを観察することができる。このうち，都市　ア　と　イ　の近郊では森林がみられず，このうち　ア　近郊のバイオームには，体内に多量の水分を蓄える能力をもった植物が多くみられる。残る三つの都市近郊には極相林がみられ，このうち　ウ　近郊にみられる極相林は，林床の明るさが季節によって大きく変化する特徴がある。また，　エ　近郊の極相林にみられる高木は，おもに裸子植物である。

五つの都市の月平均気温と月ごとの降水量（mm）の推移。
縦軸左側の目盛りは気温（℃）
右側の目盛りは降水量（mm）
を表している。

通年高温で多雨

冬季の気温が低い

極端に低温で少雨

高温で少雨

図1

問2｜同じ森林でも，林冠の高さや階層構造の複雑さ，出現する植物の種多様性（種類の豊富さ）は，温暖な地域ほど高くなる傾向がある。一方，温暖な地域ほど植物の遺骸を分解する微生物の活動は活発なので，土壌の量や土壌中の有機物の量は，寒冷な地域ほど多くなる。また，問1より，D・Eは森林ではないので，面積あたりの光合成量や生物量は森林より少ないと考えられる。

▶Point　温暖で多雨な地域の森林ほど，階層構造が複雑に発達し，多くの種の植物が生育する。

24 解答　問1　③　　問2　⑤　　問3　1—⑧　2—④　　問4　②

解説

問1｜それぞれの地点でみられた植物は，地点Ａでは照葉樹林の構成樹種，地点Ｂでは亜寒帯や亜高山帯の針葉樹林を構成する樹種，地点Ｃでは高山帯でみられる植物，地点Ｄでは夏緑樹林の構成樹種となっている。

問2｜地点Ａでみられる植物のうち，アラカシ・スダジイ・クスノキは照葉樹林の高木として代表的な樹種である。ヒサカキ・アオキも照葉樹林にみられるが，丈の低い樹木（亜高木ないしは低木）であり，高木にはならない。

Ⅰ　ある県内の四つの地点でみられる代表的な植物の種類を調べたところ下に示す結果が得られた。	
地点Ａ：アラカシ・スダジイ・ヒサカキ・クスノキ・アオキ	地点Ａ：照葉樹
地点Ｂ：カラマツ・シラビソ・オオシラビソ・コメツガ・ダケカンバ	地点Ｂ：針葉樹
地点Ｃ：ハイマツ・コマクサ・コケモモ・クロユリ・チングルマ	地点Ｃ：高山帯の植物
地点Ｄ：ブナ・ミズナラ・イタヤカエデ・カツラ	地点Ｄ：夏緑樹

▶**Point**　森林を構成するおもな高木
照葉樹林；アラカシ・スダジイ・クスノキ・タブノキなど
夏緑樹林；ブナ・ミズナラなど
針葉樹林；コメツガ・シラビソ・エゾマツ・トウヒ・モミ・カラマツ（落葉樹）など

問3｜最も緯度と標高が低い場所のバイオーム（e）から決定していくと，eは亜熱帯多雨林，dは照葉樹林，cは夏緑樹林，bは針葉樹林，aは高山帯となる。

▶**Point**　日本の森林……亜熱帯多雨林（奄美・沖縄など）・照葉樹林・夏緑樹林・針葉樹林

問4｜①高山帯は寒帯に相当する。③亜高山帯でもダケカンバなどの落葉広葉樹がみられる。④本州中部では，丘陵帯は標高500〜700mまでで，標高1000m程度の場所は山地帯にあたる。

Ⅱ　下の図1は，日本列島における，緯度および標高と分布するバイオームの関係を示したものである。図のa〜eの区分は，発達しうるバイオームが違うことを示している。

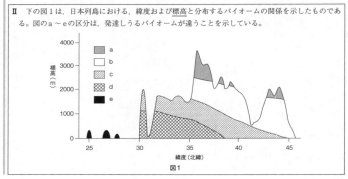

針葉樹林
夏緑樹林
照葉樹林
亜熱帯多雨林

図1

25 解答 **問1** ① **問2** アー① イー④ ウー⑤ **問3** エー② オー④ カー⑤

解説

問1 ①：バイオームの種類は年平均気温と年降水量で決まり，森林を形成するには十分な年降水量（点線Pよりも上側）が必要であるので，正しい。

②：雨季と乾季がある地域と年降水量に直接の関わりはなく，誤り。

③：点線Pより上側の熱帯・亜熱帯多雨林，照葉樹林，硬葉樹林，針葉樹林は常緑樹が優占しているが，雨緑樹林，夏緑樹林は落葉樹が優占しているので誤り。

④：点線Pより下側では年降水量が少ないために森林は形成されないが，サバンナでは草原の中にアカシアなどの樹木が点在するので誤り。

⑤：点線Pより下側でも，砂漠よりも上の領域ではイネ科植物が優占する草原が発達するので誤り。

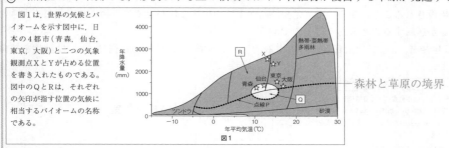

図1は，世界の気候とバイオームを示す図中に，日本の4都市（青森，仙台，東京，大阪）と二つの気象観測点XとYが占める位置を書き入れたものである。図中のQとRは，それぞれの矢印が指す位置の気候に相当するバイオームの名称である。

問2 地球温暖化が進行して各地点の年平均気温が少し高くなると，気象観測点Xのバイオームは夏緑樹林から照葉樹林に変化するが，気象観測点Yは照葉樹林のまま変化しないと考えられる。したがって，問2にある文章は気象観測点Xの周辺での変化についての予測であると考えられる。

現在の気象観測点Xのバイオームは夏緑樹林なので，落葉広葉樹を主体としているが，地球温暖化が進行した後の気象観測点Xのバイオームは照葉樹林になると考えられるので，常緑広葉樹林が主体となる。

問3 バイオームQが分布するローマのような地中海沿岸や，ロサンゼルスのようなアメリカ西海岸は地中海性気候で，硬葉樹林が分布する。雨緑樹林は熱帯で雨季と乾季のある地域で発達する。

図2から，バイオームQが分布するローマやロサンゼルスでは青森や仙台に比べて，夏季の降水量が冬季に比べて非常に少ないとわかる。

図3から，バイオームQが分布するローマやロサンゼルスでは青森や仙台に比べて，冬季の平均気温が高いことがわかり，降雪はほぼみられず湿潤であると考えられる。

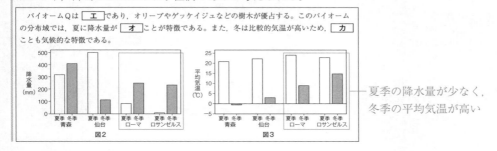

バイオームQは エ であり，オリーブやゲッケイジュなどの樹木が優占する。このバイオームの分布域では，夏に降水量が オ ことが特徴である。また，冬は比較的気温が高いため， カ ことも気候的な特徴である。

26 解答 問1 ③ 問2 ⑥ 問3 1—④ 2—③

解説

問1 生産者・一次消費者・二次消費者…という区分を栄養段階とよび，これは食物連鎖の上での位置を意味する。

問2 各栄養段階に位置する生物の個体数は，一般的には栄養段階が高くなるほど少なくなる。a〜cの生物群の個体数は，森林・草原ともb＞a＞cの順になっており，このうちではcが最も高い栄養段階にあると判断できる。しかしdは，草原では個体数が最多なのに森林ではcについで少ない。そこで，森林と草原での生産者や消費者にどんな違いがあるかを考えてみると，草原の生産者は小形の草本であるのに対し，森林のおもな生産者は巨大な樹木であることに気づくはずである。森林のおもな一次消費者は小さな昆虫であり，生産者の器官の一部を食うだけなので，1本の樹木に依存して多数の一次消費者が存在し得るのである。生物の個体数に注目すると，個体の大きさは無視されることになるので，栄養段階が下位の生物の体が上位の生物よりも著しく大きい場合，個体数の大小関係が逆転することもあり得るのである。

問3 前問より，dは生産者，aは二次消費者に対応する。したがって，dには植物を選び，aには動物を捕食する動物を選択すればよい。

問2 表1は，ある温帯の森林と草原に生活する，各栄養 ア の生物の個体数(haあたり)を示している。表のa〜dには，森林と草原とでそれぞれ異なる複数の種類の生物が含まれている。a〜dを，栄養 ア の低いものから並べた場合，最も適当な順を次の①〜⑥のうちから一つ選べ。
① b・d・a・c ② b・a・d・c ③ c・b・d・a
④ c・a・d・b ⑤ d・a・c・b ⑥ d・b・a・c

表1

生物群	森林	草原
a	1.0×10^6	0.9×10^6
b	1.5×10^6	1.7×10^6
c	18	8
d	2100	14.5×10^6

a：二次消費者
b：一次消費者
c：高次消費者
d：生産者

▶Point 生態ピラミッド；ある場所にすむ各栄養段階の生物の数量を，栄養段階の順に上に積み上げたもの。上位の栄養段階ほど数量が少なくなるのが一般的だが，逆転する場合もある。

27 解答 ⑤

解説

「長期間でみれば一定の範囲内に保たれている」ということは，周期的変動と考えられる。結果として「ヤチネズミの個体数が一定の範囲内に保たれ」るには，個体数が増加したときには個体数の減るようなことが起こり，減少したときには個体数の増えるようなことが起これはよい。⑤のように「別種のネズミが侵入してヤチネズミの資源を消費した」りすると，ヤチネズミの減少をさらに促進することになるため，一定範囲内に保たれた原因とは考えられない。

28 解答 問1 ⑥，⑦　問2 ウ―①　エ―②　オ―④

解説

問1｜温室効果とは地表面から放出される熱エネルギー（赤外線）を大気が吸収し，地表の熱が大気圏外に逃げるのを防ぐことである。温室効果の働きがある気体を温室効果ガスといい，水蒸気，二酸化炭素，メタン，フロンなどがある。

問2｜図1のグラフにおいて，二酸化炭素の増加速度に相当するのはその傾きである。2000～2010年のグラフの傾きは，1960～1970年に比べて大きい。

大気中の二酸化炭素濃度は植物の光合成量の影響を受け，夏に低く冬に高いという周期的な季節変動がみられる。図2のように，亜熱帯の沖縄県与那国島では小さく，冷温帯の岩手県綾里では大きいというように，季節変動の幅は地域により異なる。

季節変動の違いの要因には気候やバイオームが関係する。冷温帯の地域では冬の気温が低く，冬に落葉する夏緑樹が優占するので，光合成の影響が大きく，季節変動が大きい。亜熱帯の地域では一年中気温が高く，常緑樹が優占するので，一年のうちで植物が光合成を行う期間が長い。そのため季節変動の幅は小さい。

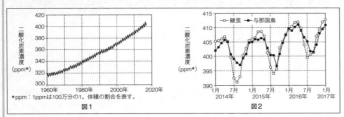

　2000～2010年における大気中の二酸化炭素濃度の増加速度は，1960～1970年に比べて **ウ** 。―――グラフの傾き（図1）
また，亜熱帯の与那国島では，冷温帯の綾里に比べて，大気中の二酸化炭素の濃度の季節変動が **エ** 。―――グラフの上下動（図2）
このような季節変動の違いが生じる一因として，季節変動が大きい地域では，一年のうちで植物が光合成を行う期間が **オ** ことがあげられる。

29 解答 問1 ④ 問2 ④ 問3 ③

解説

問1 DDTは殺虫剤として，20世紀中頃には世界的に使用された薬剤である。今日では，多くの国でDDTの使用が禁止ないしは制限されている。

問2 図1の各動物の栄養段階は，Wが一次（植物プランクトンを食った場合）か二次（動物プランクトンを食った場合）の消費者，Xが二次ないし三次の消費者，Yは最低で二次，最高で四次の消費者といえる。そしてZは，植物プランクトン→動物プランクトン→X→Zの食物連鎖に沿うと三次の消費者，植物プランクトン→動物プランクトン→W→X→Y→Zの食物連鎖に沿うと五次の消費者といえる。

問3 水生動物では，生物濃縮が起こる物質が体内に取り込まれる経路としては，鰓（えら）などからの吸収もあるが，食物として消化管から取り込まれるのが主要な経路といえる。このため，すでに高濃度の物質を体内に蓄積した生物を食物とする高位の栄養段階の動物ほど，体内の物質濃度が高くなるのが一般的である。表1の動物のうちでは種bの体内濃度が最も高いので，最も高位の栄養段階にある動物と考えられ，以下，種a，種d，種c，動物プランクトンの順になっている。したがって，種bがZ，種aがY，種dがX，種cがWにあたると考えられる。

外界から取り込まれた物質が生体内に蓄積され，環境中より高濃度となる現象を生物濃縮とよぶ。人工的に合成された化学物質が環境中に放出されると，環境中では低濃度でも，生物濃縮が起こり，生物の生存や繁殖に深刻な影響を与える場合がある。表1は，ある湖にすむさまざまな生物の体に含まれる，ある人工的な化学物質の濃度をまとめたものである。また図1は，この湖における表1の生物の食物網を模式的に示したものである。

表1

動物プランクトン	500
植物プランクトン	250
種a	280万
種b	2500万
種c	4.5万
種d	83.5万

種c，種d，種a，種bの順に濃度が高くなっている

図1

▶ **Point** 生物濃縮が起こる物質の生体内の濃度は，一般的に高位の栄養段階にある動物ほど高くなる。

30

解説

問1 化石燃料の燃焼に伴って放出される窒素酸化物や硫黄酸化物は，光化学スモッグなどの原因となるだけでなく，強酸性の硝酸や硫酸に変化し，これが水に溶け込むことで酸性雨や酸性霧が生じる。

問2 ヨーロッパの針葉樹林帯などでは，多数の樹木の立ち枯れによる森林の荒廃が問題となっているが，これは酸性雨によって土壌に酸性化などの質的な変化が起こったためと考えられている。酸性雨は，また，河川や湖沼の水質も変化させるため，淡水魚などの水生生物にも悪影響を及ぼすと考えられている。さらに，酸性雨は，ヨーロッパなどの歴史的建造物（石灰岩などの石でできているので，酸には弱い）にも損害を与えている。

> 近代に入ってからの人類の活動は，自然環境の直接的な破壊や改変だけでなく，物質循環の経路や移動量をかえることによって，さまざまな生態系の生物的および非生物的要因に大きな影響を与えてきた。その結果，野生生物だけでなく，人類にとっても憂慮される問題も生じている。例えば，我々の生活には石油や石炭などの化石燃料が不可欠であるが，化石燃料の消費に伴って排出される ア は，ヒトの健康に悪影響をもたらすだけでなく，大気中の水分に溶け込むことで_①酸性雨や酸性霧を生じさせている。また，化石燃料の大量消費が行われるようになって以降，大気中の二酸化炭素濃度が急速な上昇を続けていることが知られている。_②二酸化炭素は温室効果ガスの一つであるため，大気中の濃度が現在と同様の割合で増加を続けると，それによって地球の温暖化が引き起こされる懸念がある。人類の生活に伴って排出される物質は水域へも流出し，_③水質環境の悪化を引き起こしている。近年，生態系のバランスを保つことの重要さが認識されるようになり，自然環境の保全に有効な技術が開発されてきているが，未解決な課題も少なくない。

ア ← 窒素酸化物や硫黄酸化物によって生じる

問3 太陽から地球に照射されたエネルギーの一部は，地球表面から赤外線として輻射され，地球外に失われる。温室効果ガスとは，この地球表面から輻射される赤外線を吸収し，熱として大気圏にとどめる働きがある気体の総称である。温室効果ガスの例としては，二酸化炭素のほかにメタンやフロン，水蒸気などがあげられる。このうち，フロンはすべて人工的につくられたものだが，メタンは化石燃料の消費に伴う放出だけでなく，ある種の細菌によって生産される。さらに，水蒸気は，ヒトの活動とは関係なく，大気中に存在している。

地球が温暖化すると，水温上昇による海水の膨張や，氷河など陸上の氷雪が溶けて流入することによって海面の上昇が起こると考えられている（氷山など水に浮かんでいる氷は溶けても水面の上昇は起こらない）。また，世界的に気候条件が変わってしまうことになるため，生物の地理的分布や農業生産（従来，生産していた作物にとって適した気候条件ではなくなるので）に大きな影響がもたらされると予想されている。

問4 BOD（生物化学的酸素要求量）やCOD（化学的酸素要求量）は，水に含まれる有機物が微生物の活動あるいは化学的に酸化されるのに必要な酸素量であり，有機物による水質汚濁の程度を知る指標となる。

①の現象は富栄養化とよばれ，植物プランクトンの異常な増殖を引き起こす。この結果，赤潮やアオコが発生し，水生動物に大量死などの大きな損害をもたらすことがある。

③は自然浄化の定義であり，自然浄化の限度を超えた汚濁物質が流入すると，生態系のバランスが崩れることになる。

④の干潟には，河川から流下してくる有機物を利用する動物や微生物，無機塩類を利用する植物プランクトンや藻類が生息している。このため，干潟は河川から海へ流出する水のフィルターとして働く。

▶**Point** BOD・COD；水質汚濁の程度を測る指標。水に含まれる有機物の量を示す。

第3編 **模擬問題**

第1回模擬試験

●解答・配点一覧

第1問 (21)		
解答番号	正解	配点
1	⑤	2
2	④	3
3	①	2
4	⑥	2
5	④	3
6	①	3
7	⑦	3
8	②	3

第2問 (13)		
解答番号	正解	配点
9	③	2
10	①	2
11	②	2
12	③	2
13	④	2
14	④	3

第3問 (16)		
解答番号	正解	配点
15	④	3
16	②	2
17	③	3
18	①	2
19	⑤	2
20	⑥	2
21	③	2

問1｜共通テストでは，生物学における歴史的発見やそれを行った研究者に関する問いが頻出であった。教科書に出てくる人物名とその業績はチェックしておこう。

シュワン：動物において細胞説を提唱。

フィルヒョー：「すべての細胞は細胞から生じる」という考え方を提唱。

クリック：ワトソンとともにDNAの二重らせん構造を発表。

したがって，正解は⑤。

問2｜顕微鏡の操作，光学顕微鏡と電子顕微鏡の基本知識を問う設問である。

①：コントラストとは，明るいところと暗いところの差である。細胞は小さく薄いため，強い光をあてると視野全体が明るく白っぽくなり，細胞のあるところとないところの区別がつきにくい。そこでしぼりを絞ることによって光量を減らしコントラストを強くする。よって誤り。

②：光学顕微鏡で観察する像は，上下左右逆の倒立像である。アルファベットのpを上下左右逆にするとアルファベットのdになる。よって誤り。

③：倍率を100倍から400倍にすると，視野の半径は1／4となる。よって，面積は$(1／4)^2＝1／16$となる。よって誤り。

④：電子顕微鏡は電子線を利用し，電子線は光学顕微鏡で利用する可視光線よりも波長が短いので分解能がよい。よって正しい。

⑤：電子線は真空中で発生させるため，試料を生きたまま観察することはできない。よって誤り。

したがって，正解は④。

問3｜原核細胞（原核生物）と真核細胞（真核生物）に関する知識を問う設問である。

①：原核生物のシアノバクテリアは光合成を行い，マーグリスの細胞内共生説で葉緑体の祖先に近いと考えられている。よって正しい。

②：原核細胞には真核細胞にみられるミトコンドリアや葉緑体などの細胞小器官はほとんどないが，液状の細胞質基質はある。よって誤り。

③：ゾウリムシやアメーバなどは単細胞生物である。よって誤り。

④：原核生物の中には，マーグリスの細胞内共生説でミトコンドリアの祖先に近いと考えられている好気性細菌がいる。よって誤り。

⑤：すべての生物の細胞には細胞膜がある。よって誤り。

⑥：原核生物の細菌やシアノバクテリアは，細胞壁をもつ。よって正しい。

したがって，正解は①・⑥。

第1問　B　解説

問4｜**実験Ⅰ**の表1より，1.50×10^5個の細胞が72時間で8倍の1.20×10^6個になっているので，0時間のときに観察された1.50×10^5個の細胞すべてがちょうど3回分裂して，$2^3 = 8$倍の1.20×10^6個になったと考えられる。よって，細胞周期の長さは$72 \div 3 = 24$時間とわかる。正解は④。

問5｜本文中に，培養している細胞は細胞周期の各時期にランダムに存在しているとあるので，各時期の長さ（時間）と観察される各時期の細胞数は比例する。つまり，観察したときに，ある時期の細胞が多く観察できれば，その時期の長さ（時間）が長いということになる。ある時期の長さは，全細胞数に対するその時期の細胞数の比率と，細胞周期の時間を掛けることで求められる。**実験Ⅰ**より，72時間後の1.20×10^6個の細胞の中でM期の細胞数は，4.96×10^4個あったとあるので，M期の長さは，$\{(4.96 \times 10^4個) / (1.20 \times 10^6個)\} \times 24$時間 ≒ 1時間とわかる。正解は①。

問6｜以下に細胞周期（図ア）とDNA量の変化（図イ）を示す。G_2期は，S期でDNAを複製した後の時期なのでDNA量はG_1期の2倍となる。**実験Ⅱ**の図1のグラフでは，DNA量の相対値が1のaはG_1期の細胞，相対値が1と2の間のbはDNAを合成している様々な段階のS期の細胞，相対値が2のcはG_2期とM期の細胞が属している。正解は⑦。

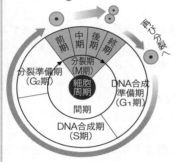

図ア　細胞周期

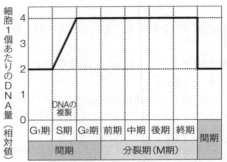

図イ　体細胞分裂におけるDNA量の変化

問7｜**実験Ⅱ**より，図1のc群は$G_2 + M$期の細胞であり，表1より合計6000個のうち1500個あるので，$G_2 + M$期の長さは，$(1500個 / 6000個) \times 24$時間 $= 6$時間である。M期の長さが1時間なので，G_2期の長さは，$6 - 1 = 5$時間となる。正解は②。

第2問 A　解説

　ホルモンと体液の循環について，知識と読解，さらに考察を求める大問である。ホルモンについては，どこから分泌されるのか（内分泌腺），どこに作用するのか（標的器官），どのように作用するのかを正確に記憶することが必要であるが，それに加えて，血糖量調節，体温調節など恒常性のそれぞれのストーリーごとに記憶しておきたい。体液については，血液の循環，そして循環に伴う酸素および二酸化炭素の運搬をきちんと理解することが重要である。

問1｜内分泌系に関する理解を問う設問である。正解の③は知らない者もいたかもしれないが，他の選択肢が明白な誤りなので，選ぶことはできるはずである。

①：内分泌腺は排出管をもたず，血液中にホルモンを直接分泌する。

②：体外に放出され同種個体に特定の反応を引き起こすのは「フェロモン」である。

③：仮に，分泌されたホルモンが全く分解されず，排出もされないとしたら，血しょう中にたまっていくばかりであり，「調節のシグナル」として働くことができないことは明らかだろう。実際，タンパク質でできたホルモンは腎臓で原尿にろ過されることはないが，副腎皮質ホルモンや生殖腺から出るホルモンなど，ステロイドという物質でできているホルモンは，ろ過され尿中に含まれる（だからこそ，オリンピックのドーピング検査や妊娠検査が尿でできるのである）。一方，タンパク質でできたホルモンはおもに肝臓で分解される。

④：内分泌腺は，脳下垂体前葉から分泌される刺激ホルモンや自律神経系によって調節されており，その調節を担う最上位の中枢は間脳視床下部である。大脳は，感覚や随意運動，思考活動などの中枢である。

問2｜血糖量の調節において，血糖量を低下させるホルモンはインスリンだけであり，血糖量を上昇させるホルモンには，グルカゴンとアドレナリン，糖質コルチコイドがある（さらに，成長ホルモンやチロキシンにも血糖量を上昇させる作用がある）。インスリンは副交感神経を介した調節，グルカゴンとアドレナリンは交感神経を介した調節を受けているのに対して，糖質コルチコイドは副腎皮質刺激ホルモンを介した調節を受けている。

▶Point　血糖量調節に働くホルモン

ホルモン	内分泌腺	作用
インスリン	すい臓ランゲルハンス島B細胞	肝臓・筋でのグリコーゲン合成，筋・組織でのグルコースの取り込みを促進し，血糖量を低下させる。
グルカゴン	すい臓ランゲルハンス島A細胞	肝臓でのグリコーゲンの分解とグルコースの放出を促進し，血糖量を上昇させる。
アドレナリン	副腎髄質	肝臓でのグリコーゲンの分解とグルコースの放出を促進し，血糖量を上昇させる。
糖質コルチコイド	副腎皮質	肝臓でのタンパク質の糖化を促進し，血糖量を上昇させる。

問3｜内分泌腺に作用してホルモンの分泌を調節するホルモンには，間脳視床下部から放出される「放出ホルモン」と「放出抑制ホルモン」，脳下垂体前葉から放出される「刺激ホルモン」とがある。例えば，チロキシンの場合，「脳下垂体前葉」から放出される「甲状腺刺激ホルモン」によって分泌が促進される。甲状腺刺激ホルモンの分泌を促進する「甲状腺刺激ホルモン放出ホルモン」は「間脳視床下部」から分泌される。

第2問 B　解説

問4｜この設問は，循環系に関する知識が求められている。ヒトの心臓は2心房2心室で，全身から戻ってきた血液は右心房へと入り，右心室を経て，肺へと向かう。そして，肺から戻ってきた血液は左心房へ入り，左心室から送り出されて，全身へと流れていく。この基本的な流れをきちんと覚えておかなくてはならない。

①：ヒトの心臓内では，右心房から右心室へ，左心室から左心房へと血液が流れている。　→「左心室から左心房」の部分が誤り。

②：ヒトの心臓内では，右心室から右心房へ，左心房から左心室へと血液が流れている。　→「右心室から右心房」の部分が誤り。

③：正解。

④：ヒトの体循環では，左心室から左心房へと血液が流れている。　→　体循環では，血液は左心室から出て右心房へと戻る。よって誤り。

⑤：ヒトの肝臓には，動脈のかわりに門脈がつながっており，門脈を通って血液が入り，静脈を経て血液が出ている。　→　血液は，左心室から大動脈を通り，枝分かれした動脈を経て体の各部分へと流れる。肝臓の場合も，肝動脈がつながっている（よって誤り）。ただし，肝臓には，小腸から血液が流れ込む肝門脈もつながっており，動脈および肝門脈を経て流れ込んだ血液が，静脈（肝静脈）を経て心臓へと戻ることになる。

▶**Point**　動脈：心臓　→　動脈　→　毛細血管
　　　　　静脈：毛細血管　→　静脈　→　心臓
　　　　　門脈：毛細血管　→　門脈　→　毛細血管

問5｜血しょうのおもな成分は，水，グルコース，種々のタンパク質，脂肪，無機塩類である。種々のタンパク質の中には，免疫で働く抗体（免疫グロブリン）や血液凝固に働くフィブリノゲン，ホルモンなどが含まれる。フィブリンはフィブリノゲンが変化したタンパク質で，血液が凝固してできる血ぺいに含まれているが，血しょう中にはない。また，酸素運搬に働くヘモグロビンは赤血球中に含まれるタンパク質であり，やはり血しょう中には存在しない。

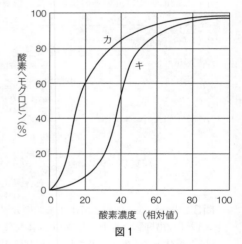

図1

問6｜肺胞での酸素ヘモグロビンの割合は，図1で曲線カの酸素濃度100のところを読めばよいので，約98％であるとわかる。組織での酸素ヘモグロビンの割合は，曲線キの酸素濃度30のところを読めばよいので，約20％であるとわかる。この血液が組織を出て静脈を流れるのだから，静脈内の血液中での酸素ヘモグロビンの割合は20％と考えられる（よって，③は誤りで，④が正しい）。そして，組織で酸素を渡すヘモグロビンは，全ヘモグロビンの78％（＝98－20）なので，①・②とも誤りである。

第3問 A　解説

　Aは植生の遷移についての基礎的な知識問題。

問1｜植物の生育には，窒素，カリウム，リンなどを含む無機塩類（栄養塩類）が必要となり，これが乏しいやせた土地には，貧栄養に耐えられる限られた植物しか生育できない。根粒はマメ科植物など，一部の植物の根にみられるこぶ状の部位で，ここには根粒菌などの細菌が共生している。根粒菌には大気中の窒素分子からアンモニアをつくる窒素固定の働きがあり，根粒菌と共生する植物は，硝酸塩やアンモニウム塩などの無機窒素化合物の乏しい場所でも生育することができる。

> **▶Point**　根粒菌
> 植物の根に根粒をつくって共生し，窒素固定によって合成したアンモニアを宿主植物に供給。
> 根粒をもつ植物は，一次遷移の初期段階にある土地など，やせた土地でも生育できる。

問2｜生物は，光や水分，土壌などの非生物的環境からの影響を受けており，これを作用とよぶ。一方，生物も多かれ少なかれ非生物的環境に影響を与えており，これを環境形成作用とよぶ。植物が生育を続けると，生じた遺骸が微生物に分解されることで腐植がつくられる。腐植は，溶岩の風化によってつくられた砂れきと混ざり土壌となる。土壌が蓄積することで，その場所の保水力は増し，栄養塩類も豊富になって，植物の生育に好適な環境となる。このような非生物的環境の変化は，植物の環境形成作用によるものである。

問3｜コナラはアカマツなどとともに陽樹林を形成する落葉広葉樹なので，正解は③。①のアオキは庭木としても見かける，成長しても高さ5mにも満たない常緑広葉樹で，暗い森林内で生育できる陰樹である。②のイタドリは遷移の初期段階で繁茂する多年生の草本，④スダジイ・⑤タブノキは暖温帯の極相種として照葉樹林を形成する陰樹，⑥のブナは冷温帯または山地帯の極相種として夏緑樹林を形成する陰樹である。

第3問 B 解説

問4 問題の樹木は，照葉樹林の代表的な樹種であるアラカシやスダジイ，里山などの雑木林にみられる代表的な樹種であるコナラと，生育する気温条件が重なる。選択肢のうちでは，①だけが暖温帯域に生育する樹木（陽樹）である。なお，②は，日本ではその名の通り北海道の針葉樹林にみられる高木で，③も同様である。また，④は森林限界より上の高山帯にみられる樹木である。

問5 地点Xでは，月平均気温が5℃を超えているのが3月～11月で，暖かさの指数は，$(6.8-5)+(12.5-5)+(17.2-5)+(20.6-5)+(24.2-5)+(25.6-5)+(21.9-5)+(16.1-5)+(10.1-5)=110$。図1で，この条件の地域に生育する樹種としては，アラカシ，スダジイ，コナラ，そして**問4**のアカマツが該当する。したがって，地点X周辺の極相林は照葉樹林と考えられる。また，地点Yの暖かさの指数は，$(7.3-5)+(10.6-5)+(13.2-5)+(17.3-5)+(13.7-5)+(10.3-5)+(5.3-5)=42.7$。この条件の地域に生育する樹種はおもにカラマツ，コメツガ，シラビソなどの亜寒帯あるいは亜高山帯の針葉樹林を構成する種と，落葉広葉樹であるダケカンバが該当する。

問6 本州中部では，照葉樹林は標高500m（ないし700m）までの丘陵帯にみられ，針葉樹林は標高1500mから2500mまでの亜高山帯にみられる。

第２回模擬試験

●解答・配点一覧

第1問 (18)		
解答番号	正解	配点
1	③	3
2	②	3
3	④	3
4	④	3
5	③	3
6	②	3

第2問 (17)		
解答番号	正解	配点
7	④	3
8	⑤	3
9	②	3
10	④	3
11	②	2
12	⑥	3

第3問 (15)		
解答番号	正解	配点
13	③	2
14	②	3
15	①	3
16	④	2
17	④	2
18	⑤	3

第1問 A　解説

問1｜細胞を生きたまま観察するためには，染色や固定をふつうは行わない。

①，②：誤り。細胞にエタノールを加えると，細胞は死んでしまうため，生きた細胞を観察できない。

③：正しい。蒸留水を加えた後，カバーガラスをかぶせてそのまま生きた細胞を観察できる。

④：誤り。細胞が積み重なった組織を観察しているわけではないので，カバーガラスをかぶせて上から押しつぶす必要はない。

問2｜葉緑体や核が観察されたことから，観察した生きた細胞は真核細胞であるとわかる。選択肢のうち，②のネンジュモはシアノバクテリアの一種で原核細胞からなる原核生物であり，葉緑体も核ももたない。

問3｜図1の生物（ミカヅキモ）は葉緑体をもつことから光合成を行うことわかる。実験1で容器2は暗所に置いたので，容器2の生物は呼吸のみを行う。図2の容器2の結果から1時間で溶存酸素量がy_2からy_1に減少しており，呼吸により溶存酸素量が減少したと考えられる。よって，1時間当たりの容器2の呼吸量[mg]は，$(y_2 - y_1)$となる。また，光合成を行っているときも同様に呼吸を行っていると考えると，日当たりのよい場所に置いた容器1でも，容器2と同量の生物が入っているので，1時間当たりの呼吸量[mg]は，$(y_2 - y_1)$となる。図2の結果から1時間で溶存酸素量がy_2からy_3に増加しており，増加量の$(y_3 - y_2)$は，1時間当たりの光合成量[mg]から1時間当たりの呼吸量[mg]$(y_2 - y_1)$を差し引いたいわゆる「1時間当たりの見かけの光合成量」と考えられる。よって，

　　　1時間当たりの光合成量＝1時間当たりの見かけの光合成量＋1時間当たりの呼吸量

$$= (y_3 - y_2) + (y_2 - y_1)$$

$$= y_3 - y_1$$

となる。

問4｜転写では，DNAからmRNAがつくられ，翻訳ではmRNAの塩基配列をもとに運ばれたアミノ酸をつないでタンパク質が合成される。

　ⓐ～ⓓのうち転写においては直接必要ないが，翻訳には直接必要な物質は，ⓑのアミノ酸とⓒのmRNAである。ⓐのDNAは転写には必要だが，翻訳には直接必要ない。ⓓのリン酸は，DNAとRNAのヌクレオチドの構成要素であるが，転写と翻訳には直接必要ない。

　したがって，正解は④。

> **▶Point**　転写と翻訳
> ・転写　　2本鎖DNAの一方のヌクレオチド鎖に相補的な塩基配列をもつmRNAがつくられる。
> ・翻訳　　mRNAの塩基配列をもとに，アミノ酸をつないでタンパク質が合成される。mRNAの連続した三つの塩基で特定のアミノ酸1個が指定される。

問5｜mRNAの塩基はA，U，G，Cの4種類あるので，三つの塩基の並びは最大で $4 \times 4 \times 4 = 64$（**ア**）通り考えられる。タンパク質を構成するアミノ酸の種類が20種類であることから，64通りのうち，三つの塩基の異なる複数の並びが同じアミノ酸を指定する（**イ**）と考えられる。

　したがって，正解は③。

問6｜(e)・(f)：正しい。

(g)：誤り。手順4は，冷やしたエタノールで行う。常温で行うと，細胞に含まれていた酵素によりDNAが分解されてしまう。

(h)：誤り。DNAはろ液とエタノールの境界面に析出するので，ビーカーの底にDNAは析出しない。

第2問 A 解説

問1│①・②：交感神経はすべて脊髄から，副交感神経は脊髄・延髄・中脳から出ているので適当である。

③：立毛筋や汗腺，体表の血管など交感神経のみ分布しているところがあるので適当である。

④：副腎皮質や甲状腺からのホルモンは，脳下垂体の前葉から分泌される刺激ホルモンによって分泌が促進されるので，自律神経系の作用ではない。よって，誤り。

⑤：交感神経により心臓の拍動促進，消化管の働き抑制，副交感神経により心臓の拍動抑制，消化管の働き促進というように交感神経と副交感神経は拮抗的に作用している。よって，適当である。

問2│アドレナリンは肝臓に作用して血糖濃度を高めるように作用する。一方，心臓に対しては拍動を促進するように作用する。

なお，腎臓の細尿管（腎細管）の細胞を標的細胞とするホルモンには鉱質コルチコイド（Na^+吸収とK^+排出の促進）・パラトルモン（Ca^{2+}の再吸収促進）などがあり，腎臓の集合管の細胞を標的細胞とするものにはバソプレシン（水の再吸収促進）などがある。脳下垂体前葉の細胞を標的細胞とするホルモンには，様々なホルモン放出ホルモンなどがある。

問3│問題文を読んで，可能性を考えるとよい。問題文には，アドレナリンが細胞のもつ受容体に結合すると，細胞内で酵素Xの働きが高まるとある。また，ホルモンが細胞外にある受容体に結合する場合，細胞内にある特定の酵素などの働きが変化するとある。よって，実験1のように組織をすりつぶし，細胞を壊して得た内部の液にアドレナリンを加えても，細胞膜の受容体に結合できない（受容体がない）ので効果がないことが予想できる。よって，実験1ではアドレナリンを加える前も加えた後も酵素Xの働きには変化がないと考えられる。実験2では細胞にアドレナリンを与える（受容体に結合させる）ので，細胞内ではアドレナリンの作用により酵素Xの働きが高まると予想できる。そのため，実験1ではアドレナリンを加える前後で測定した酵素活性がともに低く，実験2では測定した酵素活性が高い②のような結果になると推定できる。

▶**Point**　共通テストでは，教科書等で学んでいないことであっても，問題文の条件から結果を予想するなどの考察問題が出題される。問題文から考える糸口を見つけ，考察することを心がけよう。

第２問 B　解説

問4｜①：誤り。樹状細胞などが食作用の結果，抗原提示することでＴ細胞は抗原を認識するので獲得免疫のきっかけとして必要である。

②：誤り。リンパ球の中のNK細胞（ナチュラルキラー細胞）は自然免疫に働く。

③：誤り。自然免疫の食作用による抗原提示がきっかけで獲得免疫が働きだすので同時ではない。

④：正しい。抗原を認識したヘルパーＴ細胞の働きでマクロファージの働きを強化することがある。

問5｜細胞性免疫に働くのはＴ細胞なので，記憶細胞になるのはＴ細胞である。よって，キラーＴ細胞，ヘルパーＴ細胞が記憶細胞になる。体液性免疫の場合は，Ｂ細胞とヘルパーＴ細胞が記憶細胞になる。

▶**Point**　記憶細胞と二次応答
記憶細胞ができると，二次応答において早く，強い免疫反応が起こる。

問6｜Ｂ細胞やＴ細胞は骨髄でつくられ，多様化する。多様化において１種類のリンパ球は，抗原となる１種類の物質にのみ対応できるようになる。このとき，自己成分を攻撃するリンパ球もつくられるが，成熟の過程で選別され，排除される。そのため自己成分は攻撃されないようになっている。会話の中でススムさんが自己免疫疾患の可能性を理解したのは，この排除のしくみが十分でないこともある可能性を考えたためである。

▶**Point**　免疫寛容
リンパ球が排除されることで特定の抗原に対して免疫反応が起こらない状態を免疫寛容という。

第3問 A　解説

問1｜ⓐ：正しい。優占種は，植生の相観（見かけ）を決定する植物種である。

ⓑ：正しくない。優占種は，個体数が多いのもその要素の1つだが，例えば森林では個体数が最多でなくても林冠を占める高木が優占種である。つまりある植物種が優占種か否かは，丈の高さや占有面積の大きさも重要で，個体数だけでは決まらない。

ⓒ：正しくない。例えば極相林では，優占種である陰樹の成木は林冠を占めているが，その幼木（稚樹）が低木層や草本層に生育している。

ⓓ：正しい。遷移の途中にある植生では，遷移の進行に伴って優占種が交代していく。

したがって，正解は③。

問2｜暖かさの指数は，植物の生育に必要な気温を5℃と考え，1年間のうち，月平均気温が5℃を超える各月の平均気温から5℃を差し引いた値を合計したものである。暖かさの指数が0〜15なら寒帯にあたり，15〜45なら針葉樹林が成立する亜寒帯，45〜85なら夏緑樹林が成立する冷温帯，85〜180なら照葉樹林が成立する暖温帯，180〜240なら亜熱帯，240以上は熱帯の条件にあてはまる。

▶**Point**　暖かさの指数

［算出手順］

ⅰ）1年間の各月の平均気温のうち，5℃を超えているものだけを選ぶ。

ⅱ）選んだ各月の平均気温から，それぞれ5℃を差し引く。

ⅲ）差し引いて残った値をすべて合計する。

暖かさの指数	対応する気候帯	森林植生	代表的な高木
15〜45	亜寒帯	針葉樹林	エゾマツ，トドマツ
45〜85	冷温帯	夏緑樹林	ブナ，ミズナラ，カエデ
85〜180	暖温帯	照葉樹林	シイ類，カシ類，タブノキ
180〜240	亜熱帯	亜熱帯多雨林	ガジュマル，ビロウ，ヘゴ

＊寒帯（暖かさの指数；0〜15）にあたる場所は，日本では高山帯のみ

　熱帯（暖かさの指数；240〜）にあたる場所は，日本にはない

問3｜樹木が森林の優占種となるまで成長するには何十年もの時間がかかり，現在の森林は過去数十年の気候を反映している。それに対し暖かさの指数は温暖化した現在のデータから算出することになるので，数十年前より暖かな気候帯にあてはまるようになっている可能性がある。すると，暖かさの指数で予想されるよりも気温が低い場所で生育するはずの樹種が，林冠を占め優占している森林が見られることになる。

①・②のスダジイやアラカシは暖温帯に成立する照葉樹林の代表的樹種，ブナやミズナラは冷温帯や山地帯に成立する夏緑樹林の代表的樹種であり，温暖化で暖かさの指数が暖温帯に相当するようになった場所に，温暖化が進む以前に生育した夏緑樹林の樹種が見られるという事態はあり得る。また，③・④のシラビソ，トドマツ，ダケカンバは亜寒帯または亜高山帯の樹種，フタバガキは熱帯多雨林の樹種である。ダケカンバとフタバガキが同じ森林の林冠を占める可能性はないと考えられる。

問 4｜針葉樹林は世界的には亜寒帯に分布する，多くは常緑の針葉樹（カラマツなどの落葉針葉樹もある）からなる樹林で，ヨーロッパやシベリア・アラスカなどではおもにトウヒやモミの仲間からなる。日本の針葉樹林は，本州ではシラビソ・コメツガなど，北海道ではエゾマツ・トドマツなどの樹種からなる。①のアカシアはサバンナなどにみられる広葉樹，ハイマツは高山帯にみられる低木である。②のヘゴは奄美・沖縄などにみられる大形のシダ，③のメヒルギはマングローブを構成している樹種である。⑤のコナラは里山の雑木林の代表的な構成種で，落葉広葉樹である。

問 5｜針葉樹林は，亜寒帯の地域に成立する樹林で，日本では北海道の東北部と，亜高山帯にみられる。中部日本では，標高約1500〜2500mが亜高山帯である。

▶Point　本州中部の垂直分布

標高　　　　　　　　　　　　　　　植生
約2500m以上　　………高山帯………ハイマツ・高山植物
約1500〜2500m………亜高山帯……針葉樹林
約700〜1500m　………山地帯………夏緑樹林
約700m以下　　………丘陵帯………照葉樹林

問 6｜二酸化炭素は燃焼や生物の呼吸のほか，石灰岩の利用や火山活動などによっても放出されている。大気中の二酸化炭素濃度は，光合成による吸収が活発になる夏に低下し，冬には上昇するという季節変動がみられる。つまりⓑとⓓは正しい。大気中の二酸化炭素濃度は約0.04%（400ppm）で（ⓐは誤り），二酸化炭素をはじめとする温室効果ガスは，地球表面から放射される赤外線（熱エネルギー）を吸収し，再び地球表面に放射することで大気の温度を上昇させる働きが強い（ⓒは誤り）。